Abitur Skript

Physik

Gymnasium

Bayern

STARK

www.stark-verlag.de
1. Auflage 2014

Inhalt

Autoren: Florian Borges (Q11, Q12)
Ferdinand Hermann-Rottmair (Lehrplanalternative Q12)

Vorwort

Liebe Schülerin, lieber Schüler,

dieses handliche Buch bietet Ihnen einen **Leitfaden** zu allen wesentlichen Inhalten, die Sie im bayerischen Physikabitur benötigen.
Es führt Sie systematisch durch den Abiturstoff des Themenbereichs I (Elektromagnetisches Feld, Relativitätstheorie) der Q11 und der alternativen Themenbereiche II (Aufbau der Materie) und III (Astrophysik) der Q12. Das Buch eignet sich dabei besonders zur Auffrischung und Wiederholung des Prüfungsstoffs kurz vor dem Abitur.

- Zu Kapitelbeginn sind wichtige **Anwendungsgebiete** zu dem behandelten Stoff (Experimente, Naturphänomene, Technik) zusammengestellt, die Gegenstand von Prüfungsaufgaben sein können.
- **Definitionen** und **Regeln** sind durch einen grauen Balken am Rand gekennzeichnet, wichtige **Begriffe** durch Fettdruck hervorgehoben.
- Den jeweiligen Lerninhalt veranschaulichen viele **Abbildungen**.
- Passgenaue **Beispiele** verdeutlichen, wie sich die Theorie zur Lösung wichtiger Standardaufgaben anwenden lässt.
- Unter der Überschrift **Weitere typische Aufgabenstellungen** finden Sie zusätzliche Tipps und Lösungsskizzen zu Fragestellungen, die typischerweise in der Abiturprüfung auftauchen.
- Das **Stichwortverzeichnis** führt schnell und treffsicher zum gesuchten Lernstoff.

Viel Erfolg bei der Abiturprüfung!

Florian Borges | Ferdinand Hermann-Rottmair

Ausführliche Erläuterungen sowie viele Übungsaufgaben finden Sie in unseren Abitur-Trainingsbänden, eine zusammenhängende Darstellung des Prüfungsstoffs in unseren Abitur-Wissensbänden:

- Abitur-Training Physik 1 und 2 (Bestell-Nr. 943028 bzw. 943038)
- Abitur-Wissen Elektrodynamik (Bestell-Nr. 94331)
- Abitur-Wissen Aufbau der Materie (Bestell-Nr. 94332)

Die offiziellen Prüfungsaufgaben der letzten Jahre mit Lösungen enthält der Abiturprüfungsband Physik Bayern (Bestell-Nr. 95301).

1 Statisches elektrisches Feld

Anwendungsgebiete:
❶ Beschleunigung geladener Teilchen
❷ Energiespeicher: Platten- und Gold-Cap-Kondensator; Batterie
❸ Gewitter (Blitzentladung); piezoelektrischer Effekt; Xerografie

Ein **Feld** ist eine Eigenschaft des Raumes, die Kraftwirkungen zwischen Körpern ohne materielle Verbindung beschreibt und durch virtuelle **Feldlinien** dargestellt werden kann.
Beispiel: elektrisches Feld, magnetisches Feld, Gravitationsfeld

1.1 Elektrische Feldstärke und elektrisches Potenzial

Die **Eigenschaften** des elektrischen Feldes beschreibt man mithilfe von Probeladungen und Feldlinien:

- Elektrische Feldlinien verlaufen von Plus nach Minus (Kraftrichtung auf eine positive Probeladung) und haben einen Anfang (positive Ladung) und ein Ende (negative Ladung).
- Feldlinien kreuzen oder berühren sich nicht.
- Leitende Oberflächen werden senkrecht von den Feldlinien getroffen.
- Eine lokal hohe Feldliniendichte bedeutet ein dort starkes Feld.
- Punktförmige Ladungen haben ein radialsymmetrisches Feld.
- In einem homogenen Feld verlaufen die Feldlinien zueinander parallel.

Die den elektrischen Feldlinien zugeordnete physikalische Größe ist die elektrische Feldstärke.

Elektrische Feldstärke
Die Feldstärke $\vec{E}$ eines elektrischen Felds in einem Punkt P ist gegeben durch einen Vektor, der Betrag und Richtung der elektrischen Kraft auf eine positive Probeladung der Größe q = 1 C angibt:

$$\vec{E} = \frac{\vec{F}}{q} \qquad [E] = 1\,\frac{N}{C} = 1\,\frac{V}{m}$$

Statt mit der Kraft (Vektor) lässt sich das elektrische Feld auch mithilfe der physikalischen Arbeit (Skalar), die zum Ladungstransport im Feld aufgewendet werden muss, beschreiben. Die der Feldstärke entsprechende, auf die Probeladung $q = 1\,C$ bezogene Größe heißt elektrisches Potenzial.

Elektrisches Potenzial und elektrische Spannung

Das Potenzial φ eines elektrischen Felds gibt die Arbeit W an, die zum Transport einer Probeladung der Größe $q = 1\,C$ von einem festgelegten Punkt (Bezugspunkt) zu einem beliebigen anderen Punkt des Feldes notwendig ist (Einheit: 1 Volt):

$$\boldsymbol{\varphi = \frac{W}{q} \qquad [\varphi] = 1\,V}$$

Die Potenzialdifferenz zwischen zwei beliebigen Punkten des Feldes heißt **Spannung**.

Analog zu den Feldlinien kann das Potenzial veranschaulicht werden, indem man die Orte gleichen Potenzials grafisch darstellt. Für diese **Äquipotenziallinien** gilt:

- Äquipotenziallinien sind in sich geschlossene Linien.
- Äquipotenziallinien schneiden oder berühren sich nicht.
- Äquipotenziallinien schneiden Feldlinien stets senkrecht.
- Eine lokal hohe Äquipotenzialliniendichte bedeutet ein dort starkes Feld (Kraftwirkung quer zu den Linien in Richtung abnehmenden Potenzials).
- Leiteroberflächen sind Äquipotenzialflächen.

Zeichnen Sie zu den Feldlinienbildern die zugehörigen Äquipotenziallinien ein ($Q_1 > 0$; $Q_2 < 0$; $|Q_1| > |Q_2|$).

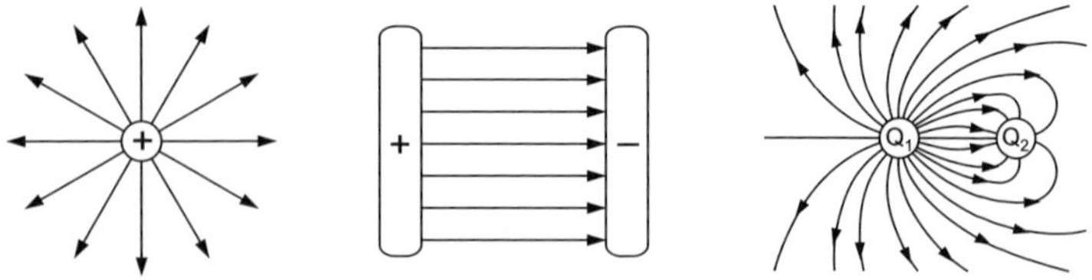

Lösung: Äquipotenziallinien gestrichelt

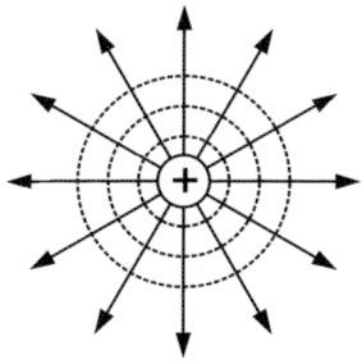

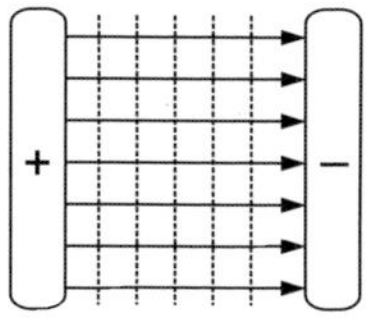

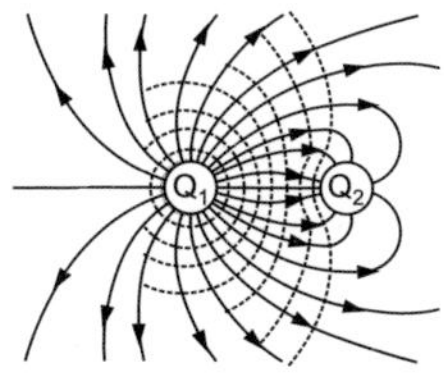

Liegen mehrere Ladungen vor (Ladungsverteilung), überlagern sich die Einzelfelder zu einem Gesamtfeld.

Überlagerung (Superposition) von elektrischen Feldern
Feldstärken addieren sich vektoriell, Potenziale skalar:
$\vec{\mathbf{E}}_{\mathbf{ges}} = \vec{\mathbf{E}}_1 + \vec{\mathbf{E}}_2 + \ldots$ $\qquad \varphi_{\mathbf{ges}} = \varphi_1 + \varphi_2 + \ldots$ (bzgl. desselben Punkts)

Weitere typische Aufgabenstellungen

1. Gegeben: Verteilung einzelner (Punkt-)Ladungen
   Gesucht: Feldlinien- und/oder Äquipotenziallinienbild

   Lösung:
   - Ladungsgröße und -vorzeichen beachten. Bei gleichen Ladungsbeträgen Symmetrie der Ladungsverteilung ausnutzen. Speziell bei 2 Ladungen: Rotationssymmetrie zur Verbindungslinie
   - Beachten: Keine Schnitt- oder Berührpunkte gleichartiger Linien; Feld- und Äquipotenziallinien stehen aufeinander senkrecht; Feldlinien beginnen/enden senkrecht an geladenen Flächen
   - Liniendichte umso größer, je kleiner der Abstand zur Ladung und je größer der Ladungsbetrag

2. Gegeben: Verteilung einzelner (Punkt-)Ladungen
   Gesucht: Zeichnerische Bestimmung von Kräften oder Feldstärken (Betrag und Richtung

   Lösung:
   - Kraftpfeile liegen tangential zu den Feldlinien, senkrecht zu den Äquipotenziallinien
   - Kräfte addieren sich vektoriell (Kräfteparallelogramm)
   - Symmetrien beachten: Betragsgleiche, aber entgegengesetzt gerichtete Kraftkomponenten kompensieren sich zu null.

1.2 Homogenes elektrisches Feld – Plattenkondensator

Ein elektrisches Feld ist **homogen**, wenn

- die elektrische Feldstärke in allen Feldpunkten die gleiche Richtung und den gleichen Betrag besitzt: $\vec{E} = \text{konst.}$
- die Feld- bzw. Äquipotenziallinien parallel und äquidistant verlaufen.

Das Feld eines **Plattenkondensators** ist in seinem Inneren homogen. Die auf den Platten des Plattenkondensators gespeicherte Ladung ist proportional zu der angelegten Spannung. Sein „Ladungsfassungsvermögen" bezeichnet man als Kapazität. Ganz allgemein gilt:

Kapazität

Unter der Kapazität C eines Kondensators, der bei angelegter Spannung U die Ladung Q trägt, versteht man die Proportionalitätskonstante

$$\mathbf{C = \frac{Q}{U}}.$$

Speziell für den **Plattenkondensator** ist die Kapazität durch dessen Geometrie festgelegt:

$$\mathbf{C_{Pl} = \varepsilon_0 \cdot \frac{A}{d}}$$

A: Plattenfläche

d: Plattenabstand

ε_0: elektrische Feldkonstante ($\varepsilon_0 = 8{,}85 \cdot 10^{-12} \frac{C}{Vm}$)

Die Arbeit, die nötig ist, um eine Probeladung von einer Platte zur anderen zu transportieren, beträgt, da das Feld homogen ist (E = konst.):

$$W = F \cdot d = Q \cdot E \cdot d$$

Wegen $U = \Delta\varphi = \frac{W}{Q}$ folgt:

U-E-d-Regel für den Plattenkondensator

Im Plattenkondensator hängen die angelegte Spannung U, die erzeugte Feldstärke E und der Plattenabstand d über die Beziehung

$$\mathbf{U = E \cdot d}$$

zusammen.

Ein Kondensator ist nicht nur ein Ladungsspeicher, sondern auch ein Energiespeicher. Die Energie lässt sich durch zwei der drei Größen Kapazität C, Ladung Q und Spannung U ausdrücken:

Im Kondensator gespeicherte Energie

Im elektrischen Feld eines Kondensators (Kapazität C, Ladung Q, Spannung U) ist die Energie

$$\mathbf{W = \tfrac{1}{2} Q \cdot U} \quad \text{bzw.} \quad \mathbf{W = \tfrac{1}{2} C \cdot U^2} \quad \text{bzw.} \quad \mathbf{W = \frac{Q^2}{2C}}$$

gespeichert.

1. Ein Plattenkondensator (Ladung 6,0 nC) hat quadratische Platten von 8,0 cm Seitenlänge. Berechnen Sie die Feldstärke.

   Lösung:

   $$Q = C \cdot U = \varepsilon_0 \cdot \frac{A}{d} \cdot U = \varepsilon_0 \cdot A \cdot \frac{U}{d} = \varepsilon_0 \cdot A \cdot E$$

   $$\Rightarrow \quad E = \frac{Q}{\varepsilon_0 \cdot A} = \frac{6{,}0 \cdot 10^{-9}\,\text{C}}{8{,}85 \cdot 10^{-12}\,\frac{\text{C}}{\text{Vm}} \cdot (0{,}080\,\text{m})^2} = 1{,}1 \cdot 10^5\,\frac{\text{V}}{\text{m}}$$

2. Ein Plattenkondensator wird mit einer Gleichspannungsquelle verbunden. Bestimmen Sie, ob und wie sich Kapazität C, Plattenladung Q, Spannung U und Feldstärke E ändern, wenn der Plattenabstand d verdoppelt wird und
   a) der Kondensator mit der Spannungsquelle verbunden bleibt.
   b) der Kondensator nach dem Ladevorgang von der Spannungsquelle getrennt worden ist.

   Lösung:

   a) $U = U'$:

   $$C' = \varepsilon_0 \cdot \frac{A}{d'} = \varepsilon_0 \cdot \frac{A}{2d} = \frac{1}{2} C$$

   $$Q' = C' \cdot U' = \frac{1}{2} C \cdot U = \frac{1}{2} Q$$

   $$E' = \frac{U'}{d'} = \frac{U}{2d} = \frac{1}{2} E$$

   b) $Q = Q'$:

   $$C' = \varepsilon_0 \cdot \frac{A}{d'} = \varepsilon_0 \cdot \frac{A}{2d} = \frac{1}{2} C$$

   $$U' = \frac{Q'}{C'} = 2 \cdot \frac{Q}{C} = 2U$$

   $$E' = \frac{U'}{d'} = \frac{2U}{2d} = E$$

3. Zwei baugleiche Plattenkondensatoren werden parallel geschaltet. Begründen Sie, dass diese Schaltung die doppelte Kapazität eines einzelnen Kondensators hat.
   Bestimmen Sie die Kapazität bei Reihenschaltung der beiden Kondensatoren.

   Lösung:
   Parallelschaltung bedeutet Verdopplung der Plattenflächen.

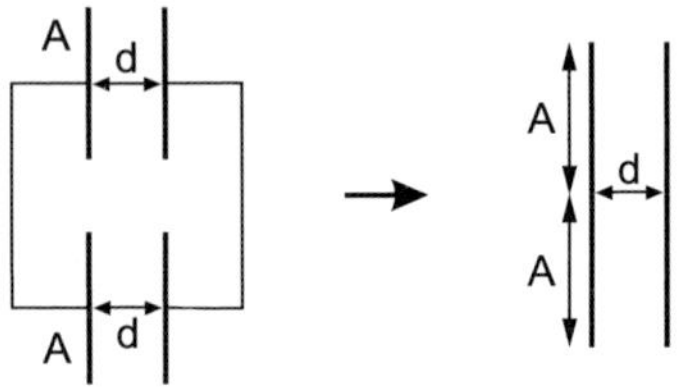

Wegen $C = \varepsilon_0 \cdot \frac{A}{d}$ folgt: $C_{ges,\,P} = 2C$
Anschaulich: Jeder der beiden Kondensatoren kann die gleiche Ladungsmenge aufnehmen.

Bei der Reihenschaltung sind die beiden innenliegenden Platten entgegengesetzt gleich stark geladen, sodass man sie durch eine neutrale Platte ersetzen und diese dann auch weglassen kann.

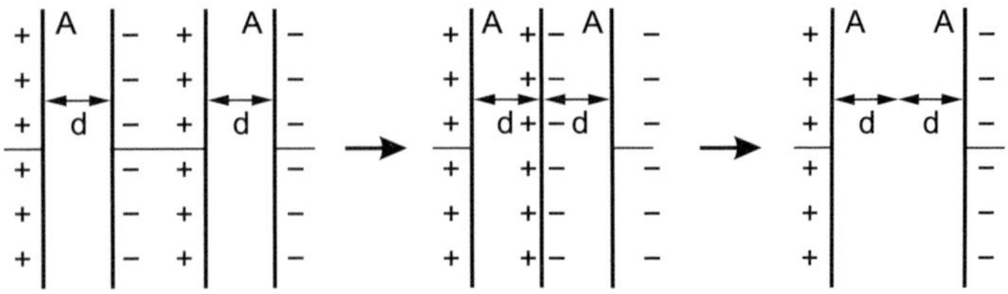

Dies kommt einer Verdoppelung des Plattenabstandes d gleich, sodass wegen $C = \varepsilon_0 \cdot \frac{A}{d}$ folgt: $C_{ges,\,R} = \frac{1}{2}C$

Weitere typische Aufgabenstellungen

1. Gegeben: Gewitterwolke → Modellierung als Plattenkondensator Wolke–Erdoberfläche; U und d (= Wolkenhöhe) bekannt
   Gesucht: Feldstärke E; Feld-/Äquipotenziallinien; Störung des homogenen Felds durch (dünnes) metallisches Objekt; Blitzableiter

Lösung:

- $E = \frac{U}{d}$
- Störung: Äquipotenziallinien schmiegen sich um das metallische Objekt. Das Feld wird inhomogen, die Feldstärke nimmt an den stark gekrümmten Orten hohe Werte an → dort Überschlagswahrscheinlichkeit (Blitzeinschlag) am größten → Blitzableiter: kontrolliertes Abfließen der Ladungen

2. Gegeben: Fadenpendel (metallischer Pendelkörper, Masse m) im Plattenkondensator; U, m, A, d, Auslenkung α bekannt

Gesucht: wirkende Kräfte; Q

Lösung:

- Kräfteparallelgramm aus Gewichtskraft (vertikal) und elektrischer Kraft (horizontal); Resultierende in Fadenrichtung (Gleichgewichtsfall)
- Gleichgewichtsfall:

$$\tan\alpha = \frac{F_{el}}{F_G} = \frac{E \cdot Q}{m \cdot g} = \frac{U \cdot Q}{d \cdot m \cdot g} \quad \Rightarrow \quad Q = \frac{d \cdot m \cdot g}{U} \cdot \tan\alpha$$

1.3 Radiales Feld – Coulombgesetz

Ein radialsymmetrisches elektrisches Feld entsteht in der Umgebung einer **Punktladung**. Ist sie positiv, weisen die **Feldlinien** radial nach außen, ist sie negativ, sind sie auf das Ladungszentrum hin gerichtet.

Coulombgesetz
Zwischen zwei Punktladungen q und Q im gegenseitigen Abstand r wirkt die Coulombkraft. Sie hat den Betrag

$$\mathbf{F(r)} = \frac{1}{4\pi \cdot \varepsilon_0} \cdot \frac{q \cdot Q}{r^2}.$$

Wegen $F = q \cdot E$ ist $E(r) = \frac{1}{4\pi \cdot \varepsilon_0} \cdot \frac{Q}{r^2}$ die **Coulombfeldstärke** der Ladung Q im Abstand r (entsprechend für q).
Bezogen auf einen Punkt im Unendlichen gilt für das zugehörige **Coulombpotenzial**:

$$\varphi(r) = \frac{1}{4\pi \cdot \varepsilon_0} \cdot \frac{Q}{r}$$

Die **Äquipotenzialflächen** sind konzentrische Kugelflächen mit dem Ladungszentrum als Mittelpunkt.

1. In dem Feld einer negativen Punktladung q liegt ein Punkt P im Abstand 6,0 cm auf dem Coulombpotenzial – 300 V.
   Berechnen Sie q sowie das Coulombpotenzial eines Punktes S, der von der Ladung 5,0 cm entfernt ist.
   Geben Sie die Potenzialdifferenz zwischen P und S an.

   Lösung:
   Coulombpotenzial der Ladung q im Abstand r_P:

   $$\varphi(r_P) = \frac{1}{4\pi \cdot \varepsilon_0} \cdot \frac{q}{r_P}$$

   $$\Rightarrow \quad q = 4\pi \cdot \varepsilon_0 \cdot \varphi(r_P) \cdot r_P \quad (*)$$

   $$= 4\pi \cdot 8{,}85 \cdot 10^{-12} \frac{C}{Vm} \cdot (-300\ V) \cdot 6{,}0 \cdot 10^{-2}\ m = -2{,}0\ nC$$

   Für q gilt nach (∗) jeweils:

   $$\left.\begin{array}{l} q = 4\pi \cdot \varepsilon_0 \cdot \varphi(r_P) \cdot r_P \\ q = 4\pi \cdot \varepsilon_0 \cdot \varphi(r_S) \cdot r_S \end{array}\right\} \Rightarrow \varphi(r_P) \cdot r_P = \varphi(r_S) \cdot r_S$$

   $$\Rightarrow \varphi(r_S) = \frac{r_P}{r_S} \cdot \varphi(r_P) = \frac{6}{5} \cdot (-300\ V) = -360\ V$$

   Die Potenzialdifferenz zwischen P und S beträgt 60 V.

2. Vergleichen Sie die Feldlinienbildern A und B hinsichtlich ihrer Ladungen. Welche Aussagen sind möglich, welche nicht?

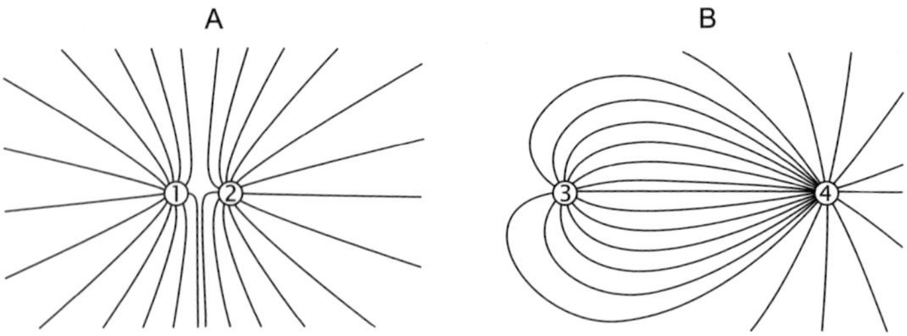

   Lösung:
   Bild A: $|Q_1| = |Q_2|$ (Symmetrie); Q_1, Q_2 gleichnamig (keine verbindenden Feldlinien)
   Bild B: $|Q_3| < |Q_4|$ (in Q_4 münden mehr Feldlinien ein als in Q_3 austreten) und ungleichnamig (verbindenden Feldlinien)

   Ladungsvorzeichen unbestimmt, da Feldlinienrichtung unbekannt.

2 Statisches magnetisches Feld

Anwendungsgebiete:

❶ Technik: Elektromagnet; Gleichstromelektromotor; Drehspulinstrument; Ablenkspulen

❷ Natur: Erdmagnetfeld; Van-Allen-Gürtel

Magnetische Felder werden durch **Feldlinien** beschrieben, die in jedem ihrer Punkte tangential zum dortigen magnetischen Kraftvektor verlaufen. Magnetische Feldlinien

- sind stets geschlossen, haben also keinen Anfangs- oder Endpunkt;
- kreuzen und berühren sich nicht;
- verlaufen (außerhalb eines Magneten) vom Nord- zum Südpol;
- sind lokal umso dichter, je stärker dort das Magnetfeld ist.

Magnetfelder entstehen in der Gegenwart von **Dauermagneten** (bestehend aus Eisen, Kobalt, Nickel oder Legierungen daraus) oder in der Umgebung eines **stromdurchflossenen** Leiters. Die den magnetischen Feldlinien zugeordnete physikalische Größe ist die **magnetische Flussdichte** („Stärke" des Magnetfelds). Sie ist durch die Kraft definiert, die ein stromdurchflossener Leiter im Magnetfeld erfährt.

Magnetische Flussdichte

Die Flussdichte $\vec{B}$ eines magnetischen Felds in einem Punkt P ist gegeben durch einen Vektor, der Betrag und Richtung der magnetischen Kraft auf einen von einem elektrischen Strom der Stärke I durchflossenen Leiter der Länge ℓ angibt (Einheit: 1 Tesla):

$$\vec{\mathbf{B}} = \frac{\vec{\mathbf{F}}}{\mathbf{I} \cdot \ell} \qquad [\mathbf{B}] = 1\,\frac{\mathbf{N}}{\mathbf{Am}} = 1\,\frac{\mathbf{Vs}}{\mathbf{m}^2} = 1\,\mathbf{T}$$

Überlagern sich mehrere magnetische Felder, ergibt sich die Gesamtflussdichte analog zum elektrischen Feld durch **vektorielle Addition** der Einzelflussdichten. Ebenso bezeichnet man ein Magnetfeld als **homogen**, wenn $\vec{B}$ = konst. Ein homogenes Feld liegt z. B. vor zwischen den Schenkeln eines **Hufeisenmagneten**, im Zentrum eines **Helmholtz-Spulenpaars** oder im Inneren einer langen **Zylinderspule**, durch deren Drahtwindungen ein konstanter Gleichstrom fließt.

Magnetische Flussdichte einer langen Zylinderspule
Das homogene Magnetfeld im Inneren einer stromdurchflossenen Zylinderspule besitzt die Flussdichte
$\mathbf{B} = \mu_0 \cdot \frac{N}{\ell} \cdot \mathbf{I}$.

N: Windungszahl
ℓ: Spulenlänge (mit $\ell \gg$ Durchmesser des Spulenquerschnitts)
I: Stärke des Spulenstroms
μ_0: magnetische Feldkonstante ($\mu_0 = 4\pi \cdot 10^{-7} \frac{\text{Vs}}{\text{Am}}$)

Das Magnetfeld der Spule ähnelt im Außenraum dem eines **Stabmagneten**. Um sich allgemein die Richtungen der Feldlinien und Kräfte in einem Magnetfeld zu verdeutlichen, verwendet man drei Handregeln:

Handregeln zur Richtungsbestimmung im Magnetfeld

- **Rechte-Faust-Regel:** $\vec{B}$-Richtung beim stromdurchflossenen Leiter (Feldlinien: konzentrische Kreise in Ebenen senkrecht zum Leiter)
  Daumen: $\vec{I}$ (technisch); restliche Finger: $\vec{B}$
- **Rechte-Hand-Regel:** Polung einer stromdurchflossenen Spule
  Daumen: zeigt zum Nordpol; restliche Finger: $\vec{I}$ (technisch)
- **Drei-Finger-Regel der rechten Hand:** Richtung der Kraft auf einen stromdurchflossenen Leiter im homogenen Magnetfeld
  Daumen: $\vec{I}$ (technisch) Zeigefinger: $\vec{B}$ Mittelfinger: $\vec{F}$

Dass ein stromdurchflossener Leiter im Magnetfeld abgelenkt wird, ist ein Spezialfall der Wirkung der **Lorentzkraft**. Sie tritt ganz allgemein immer dann auf, wenn ein geladenes Teilchen sich senkrecht zu den Feldlinien eines Magnetfelds bewegt (vgl. Kap. 4.2, S. 19)

1. Die Achse einer Zylinderspule liegt in West-Ost-Richtung. Geben Sie an, welches Spulenende mit dem Plus- bzw. Minuspol einer Gleichspannungsquelle verbunden werden muss, damit die Magnetnadel die eingezeichnete Richtung einnimmt.

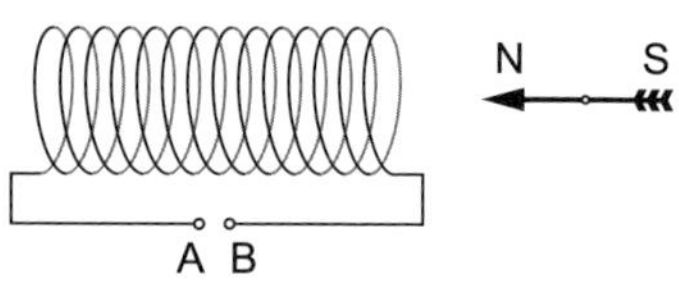

Lösung: Dem Nordpol der Magnetnadel muss ein Spulensüdpol gegenüber liegen. Daher muss am linken Spulenende ein Nordpol liegen. Nach der Rechte-Hand-Regel ist dies der Fall, wenn B mit dem Pluspol und A mit dem Minuspol der Gleichspannungsquelle verbunden wird.

2. Erläutern Sie an einem geeignet gewählten Spulenkörper, warum die magnetische Flussdichte im Inneren einer Zylinderspule nicht vom Spulenquerschnitt abhängt.

   Lösung: In zwei Spulen mit rechteckigem Querschnitt, die in der gleichen Richtung jeweils vom gleichen Strom der Stärke I_0 durchflossen werden, herrscht im Inneren jeder Spule das gleiche Magnetfeld der Flussdichte $\vec{B}_0$ (siehe Abbildung). Ersetzt man die beiden Spulen durch eine einzige Spule mit doppeltem Querschnitt, durch die ein Strom der Stärke I_0 fließt, ändert sich der Betrag von $\vec{B}_0$ im Inneren nicht: Die Feldliniendichte hat sich nicht geändert.

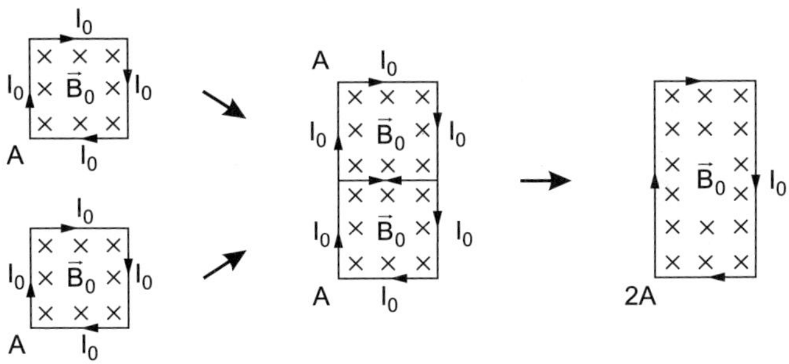

Weitere typische Aufgabenstellungen

1. Gegeben: Metallstab (quer auf zwei Metallschienen) im homogenen $\vec{B}$-Feld, von Gleichstrom durchflossen; Leiterschaukel
   Gesucht: Betrag und Richtung der Lorentzkraft (evtl.: Beschleunigung; erzielte Geschwindigkeit); Auslenkwinkel

   Lösung: Ansatz $F = B \cdot I \cdot \ell$; Newton'sches Grundgesetz $F = m \cdot a$; (evtl.: Gesetze der gleichmäßig beschleunigten Bewegung)

2. Gegeben: Zylinderspule
   Gesucht: Berechnung einer der Größen N, ℓ, I, B

   Lösung: Ansatz Spulenformel $B = \mu_0 \cdot \frac{N}{\ell} \cdot I$

3 Spezielle Relativitätstheorie

Anwendungsgebiete:

❶ Teilchenbeschleuniger, Zyklotron, Synchrotron
❷ Versuche von Kaufmann und Bucherer
❸ Satellitennavigation (GPS)

Einsteins Postulate

1. **Relativitätsprinzip:** Alle Inertialsysteme sind gleichwertig, d. h., alle Naturgesetze haben in jedem Inertialsystem die gleiche Form.
2. **Konstanz der Lichtgeschwindigkeit:** Die Vakuumlichtgeschwindigkeit ist in allen Inertialsystemen gleich.

Inertialsystem: Bezugssystem, in dem das 1. Newton'sche Gesetz (Trägheitsgesetz) uneingeschränkt gültig ist.

Die Postulate gelten stets, ihre Auswirkungen machen sich aber erst bei Geschwindigkeiten oberhalb etwa 10 % der Lichtgeschwindigkeit bemerkbar (Faustregel $v > 0{,}1\,c$). Sie müssen dann bei Berechnungen berücksichtigt werden **(relativistische Rechnung)**.

3.1 Relativistische Effekte

Zeitdilatation

Jede relativ zu einem Beobachter bewegte Uhr geht aus dessen Sicht langsamer, es gilt:

$$\Delta t' = \Delta t \cdot \sqrt{1 - \frac{v^2}{c^2}}$$

$\Delta t'$, Δt: Zeitintervall im bewegten bzw. ruhenden Bezugssystem
v: Relativgeschwindigkeit der beiden Bezugssysteme zueinander
c: Lichtgeschwindigkeit

Ein 25-jähriger Astronaut startet im Jahr 2014 seine Reise im Weltall mit der durchschnittlichen Geschwindigkeit $v = \frac{30}{31} \cdot c$.
Wie alt ist er, wenn er 2075 auf die Erde zurückkehrt, und wie alt ist dann sein daheim gebliebener Zwillingsbruder?

Lösung: Die Reise dauert $\Delta t = 61$ Jahre, der Bruder ist dann 86 Jahre alt. Im Raumschiff vergeht die Zeit langsamer, es ist

$$\Delta t' = 61\,\text{a} \cdot \sqrt{1 - \left(\tfrac{30}{31}\right)^2} = 15{,}4\,\text{a}$$

und der Astronaut ist bei der Rückkunft erst gut 40 Jahre alt.

Zwillingsparadoxon

Betrachtet man die Situation aus der Perspektive des Raumfahrers, befindet sich der Bruder im (schnell) bewegten System Erde und müsste folglich beim Wiedersehen jünger als der Raumfahrer sein – tatsächlich ist aber nur der Raumfahrer langsamer gealtert.

Der Widerspruch besteht nur scheinbar, denn die angenommene Symmetrie ist beim Wechsel der Perspektive nicht gegeben: Der Raumfahrer wechselt bei der Umkehr das Inertialsystem und damit die Definition der Gleichzeitigkeit, mit der er Ereignisse beurteilt (Relativität der Gleichzeitigkeit). Dies führt dazu, dass in der Gesamtbilanz beide Brüder zum gleichen Ergebnis kommen, nämlich, dass der Erdzwilling schneller als sein reisender Bruder altert.

Längenkontraktion

Für einen ruhenden Beobachter erscheinen bewegte Körper verkürzt auf die „kontrahierte" Länge

$$\mathbf{L' = L \cdot \sqrt{1 - \frac{v^2}{c^2}}}.$$

L', L: Länge im bewegten bzw. ruhenden Bezugssystem
v: Relativgeschwindigkeit der beiden Bezugssysteme zueinander
c: Lichtgeschwindigkeit

Myonen entstehen etwa 10 km über der Erdoberfläche und fliegen mit 99,95 % der Lichtgeschwindigkeit auf die Erde zu. Erklären Sie, weshalb sie trotz einer Lebensdauer von nur 2 Millionstel Sekunden auf der Erdoberfläche ankommen, bevor sie zerfallen.

Lösung: Klassisch gerechnet dürften die Myonen während ihrer Lebensdauer von $2{,}0 \cdot 10^{-6}$ s nur

$$L = v \cdot t = 0{,}9995 \cdot 3{,}0^8\,\tfrac{\text{m}}{\text{s}} \cdot 2{,}0 \cdot 10^{-6}\,\text{s} = 600\,\text{m}$$

weit kommen.

Aus „Sicht“ der Myonen erscheint die Atmosphäre aber nicht 10 km dick, sondern längenkontrahiert nur

$$L' = 10\,000\text{ m} \cdot \sqrt{1 - \frac{(0{,}9995\text{ c})^2}{c^2}} = 10\,000\text{ m} \cdot \sqrt{1 - 0{,}9990025} = 316\text{ m}.$$

Diese Strecke lässt sich während der „Lebenszeit“ von 2 μs leicht zurücklegen, denn die Flugzeit beträgt nur

$$t \approx \frac{316\text{ m}}{0{,}9995 \cdot 3{,}0 \cdot 10^8\,\frac{\text{m}}{\text{s}}} = 1{,}1 \cdot 10^{-6}\text{ s},$$

also existieren die Myonen nach Durchfliegen der Luftschicht noch.

Geschwindigkeitsaddition

Bewegen sich die Systeme S und S' mit der Geschwindigkeit v gegeneinander, dann gilt für die Geschwindigkeiten u und u' eines Körpers in S bzw. S' die Beziehung

$$\mathbf{u = \frac{u' + v}{1 + \frac{u' \cdot v}{c^2}}}.$$

c: Lichtgeschwindigkeit

Zwei Raketen fliegen mit 0,8 c und 0,9 c in entgegengesetzter Richtung. Mit welcher Relativgeschwindigkeit zueinander fliegt die eine an der anderen vorbei?

Lösung:

$$u = \frac{u' + v}{1 + \frac{u' \cdot v}{c^2}} = \frac{0{,}8\text{ c} + 0{,}9\text{ c}}{1 + \frac{0{,}8\text{ c} \cdot 0{,}9\text{ c}}{c^2}} = \frac{1{,}7\text{ c}}{1 + 0{,}72} = 0{,}99\text{ c}$$

In der relativistischen Geschwindigkeitsaddition drückt sich der besondere Stellenwert der **Lichtgeschwindigkeit** aus:

- Sie ist **obere Grenzgeschwindigkeit** für alle bewegten Körper.
- Sie ist, wie es das 2. Einstein'sche Postulat fordert, **konstant**:
  Ein Photon, das sich in S' mit u' = c bewegt, wird auch in S mit der Geschwindigkeit

  $$u = \frac{c + v}{1 + \frac{c \cdot v}{c^2}} = \frac{c + v}{1 + \frac{v}{c}} = c \cdot \frac{1 + \frac{v}{c}}{1 + \frac{v}{c}} = c$$

  wahrgenommen.

3.2 Relativistische Masse und Energie

Die **Masse m** eines Körpers hängt von seiner Geschwindigkeit v ab:

$$\mathbf{m(v)=\frac{m_0}{\sqrt{1-\frac{v^2}{c^2}}}}$$

Man nennt sie relativistische Masse oder auch Impulsmasse.
$m_0 = m(0)$: Ruhemasse des Körpers; c: Lichtgeschwindigkeit

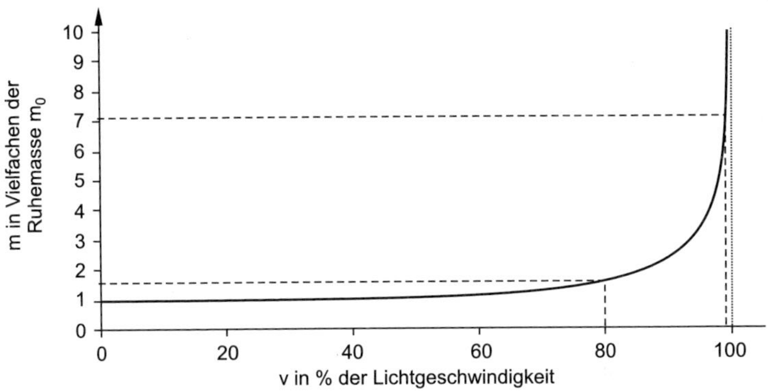

Bei 80 % der Lichtgeschwindigkeit besitzt ein Körper etwa die 1,66-fache Masse wie in Ruhe, bei 0,99 c bereits die rund 7-fache Masse.

Der **relativistische Impuls** ist gegeben durch

$$p = m(v)\cdot v = \frac{m_0 \cdot v}{\sqrt{1-\frac{v^2}{c^2}}}.$$

Ein Elektron bewegt sich mit der Geschwindigkeit $v_1 = 0{,}01\,c$ bzw. $v_2 = 0{,}5\,c$. Berechnen Sie jeweils die Massenzunahme bzgl. der Ruhemasse in Prozent. Welche Geschwindigkeit (Bruchteil von c) ist notwendig, um die Masse des Elektrons zu verdreifachen?

Lösung: Mit $\frac{v_1}{c} = 0{,}01$ und $\frac{v_2}{c} = 0{,}5$ folgt:

$$m(v_1) = \frac{m_0}{\sqrt{1-0{,}01^2}} = 1{,}00005\,m_0 \quad\Rightarrow\quad \frac{m(v_1)-m_0}{m_0} = 0{,}00005 = 0{,}005\,\%$$

$$m(v_2) = \frac{m_0}{\sqrt{1-0{,}5^2}} = 1{,}155\,m_0 \quad\Rightarrow\quad \frac{m(v_2)-m_0}{m_0} = 0{,}16 = 16\,\%$$

Die Masse verdreifacht sich bei einer Geschwindigkeit von

$$3m_0 = \frac{m_0}{\sqrt{1-\frac{v^2}{c^2}}} \Rightarrow \sqrt{1-\frac{v^2}{c^2}} = \frac{1}{3} \Rightarrow 1-\frac{v^2}{c^2} = \frac{1}{9} \Rightarrow \frac{v}{c} = \sqrt{\frac{8}{9}} = 94\,\%$$

der Lichtgeschwindigkeit.

Masse und Energie hängen nach Einstein über die Lichtgeschwindigkeit zusammen:

$$\mathbf{E = m \cdot c^2}$$

Wegen der Konstanz von c bedeutet das: **Masse und Energie sind äquivalent.** Sie sind wesensgleiche Größen, die nur in verschiedenen Erscheinungsformen auftreten; Masse kann in Energie umgewandelt werden und umgekehrt. Speziell entspricht der Ruhemasse m_0 die **Ruheenergie** $E_0 = m_0 \cdot c^2$. Die Gesamtenergie E eines Körpers setzt sich aus seiner Ruheenergie und seiner kinetischen Energie zusammen.

Ein Körper der Ruhemasse m_0 besitzt die **kinetische Energie**

$$\mathbf{E_{kin} = E - E_0 = \frac{m_0}{\sqrt{1-\frac{v^2}{c^2}}} \cdot c^2 - m_0 \cdot c^2}.$$

Ein Elektron (Ruhemasse $9{,}109 \cdot 10^{-31}$ kg) soll auf 99,9 % der Lichtgeschwindigkeit beschleunigt werden. Bestimmen Sie seine Ruheenergie in Elektronenvolt und berechnen Sie die Energie, die ihm zugeführt werden muss.

Lösung: Die Ruheenergie beträgt

$$E_0 = m_0 \cdot c^2 = 9{,}109 \cdot 10^{-31}\,\text{kg} \cdot \left(2{,}998 \cdot 10^8\,\frac{\text{m}}{\text{s}}\right)^2 = 8{,}187 \cdot 10^{-14}\,\text{J}$$

$$= \frac{8{,}187 \cdot 10^{-14}\,\text{J}}{1{,}602 \cdot 10^{-19}\,\frac{\text{J}}{\text{eV}}} = 0{,}511\,\text{MeV},$$

die erforderliche kinetische Energie ist

$$E_{kin} = \frac{m_0 \cdot c^2}{\sqrt{1-\frac{v^2}{c^2}}} - m_0 \cdot c^2 = \left(\frac{1}{\sqrt{1-\frac{v^2}{c^2}}} - 1\right) \cdot m_0 \cdot c^2$$

$$= \left(\frac{1}{\sqrt{1-0{,}999^2}} - 1\right) \cdot E_0 = 22{,}4 \cdot E_0 = 22{,}4 \cdot 0{,}511\,\text{MeV} = 11{,}4\,\text{MeV}.$$

4 Bewegung geladener Teilchen in Feldern

Anwendungsgebiete:

❶ Wien'scher Geschwindigkeitsfilter
❷ Halleffekt (Hallsonde)
❸ Teilchenbeschleuniger (Linearbeschleuniger, Zyklotron)
❹ Fadenstrahlrohr
❺ Massenspektrometer
❻ Geladene kosmische Teilchen im Erdmagnetfeld (Polarlicht, Van-Allen-Gürtel)
❼ Braun'sche Röhre (Oszilloskop)

4.1 Geladene Teilchen im homogenen elektrischen Feld

Beschleunigung im homogenen elektrischen Feld
Elektrisch geladene Teilchen erfahren im homogenen elektrischen Feld **unabhängig** von ihrer Geschwindigkeit die **elektrische Feldkraft** $F_{el} = q \cdot E$ und werden mit der konstanten Beschleunigung

$$\mathbf{a = \frac{F_{el}}{m} = \frac{q \cdot E}{m}}$$

längs der Feldlinien beschleunigt.

q: elektrische Ladung des Teilchens
m: Masse des Teilchens
E: elektrische Feldstärke

Entscheidend für die Bahn, längs der das Teilchen im Feld läuft, ist die Richtung der Anfangsgeschwindigkeit $\vec{v}_0$ bzgl. der Feldrichtung:

- $\mathbf{\vec{v}_0 \parallel \vec{E}}$**:** Die Bewegungsrichtung bleibt gleich; der Betrag der Geschwindigkeit ändert sich → **geradlinige Bahn**.
- $\mathbf{\vec{v}_0 \perp \vec{E}}$**:** Das Teilchen erfährt eine Beschleunigung quer zur ursprünglichen Bewegungsrichtung (Analogie: waagrechter Wurf); der Betrag der Geschwindigkeit ändert sich → **Parabelbahn**.

Bei **beliebig gerichteter** Anfangsgeschwindigkeit lässt sich die Bewegungsrichtung in einen Längs- und Queranteil zerlegen, die Teilchenbahn ist dann ebenfalls **parabelförmig** (Analogie: schräger Wurf).

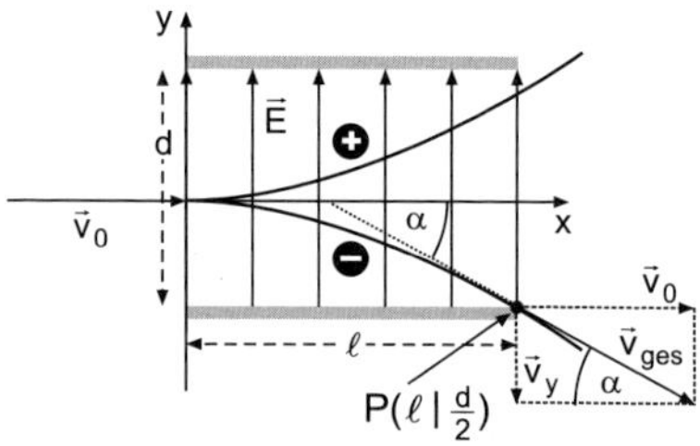

Teilchen im Querfeld eines Plattenkondensators: Die Geschwindigkeit besitzt anfangs nur eine waagrechte Komponente $v_x = v_0$, die x-Koordinate des Teilchens wird also durch die Funktion

$$x(t) = v_0 \cdot t \qquad (1)$$

beschrieben. Vertikal wird das Teilchen im Feld beschleunigt und es gilt

$$v_y(t) = a \cdot t = \frac{q \cdot E}{m} \cdot t \qquad (2)$$

für den senkrechten Geschwindigkeitsanteil, die y-Koordinate des Teilchens wird durch die Funktion

$$y(t) = \frac{1}{2} a \cdot t^2 = \frac{1}{2} \cdot \frac{q \cdot E}{m} \cdot t^2 \qquad (3)$$

beschrieben. Die Bahnkurve y(x) des Teilchens erhält man, indem man x(t) nach der Zeit t auflöst und t in y(t) durch den erhaltenen Term ersetzt (die Variable t wird aus den Gleichungen „eliminiert"):

$$t \overset{(1)}{=} \frac{x}{v_0} \quad \overset{\text{in (3)}}{\Rightarrow} \quad y = \frac{1}{2} \cdot \frac{q \cdot E}{m} \cdot \left(\frac{x}{v_0}\right)^2 = \underbrace{\frac{q \cdot E}{2m \cdot v_0^2}}_{\text{konstant}} \cdot x^2$$

Der Graph von y(x) ist eine **Parabel**, die Teilchenbahn ein Ausschnitt davon (nämlich für $x \in [0; \ell]$ mit ℓ: Länge des Plattenkondensators).

Weitere typische Aufgabenstellungen

1. Welche Mindestgeschwindigkeit v_0 müssen die Teilchen bei gegebener Feldstärke E, Masse m, Ladung q, Kondensatorlänge ℓ und Plattenabstand d besitzen, damit sie den Kondensatorbereich gerade noch rechts unten verlassen können, ohne zuvor die Platte zu treffen (vgl. Skizze oben)?

   Lösung: In der Grenzsituation gilt mit $x = \ell$ und $y = \frac{d}{2}$:

   $$\frac{d}{2} = \frac{q \cdot E}{2m \cdot v_{0,\,min}^2} \cdot \ell^2 \quad \Rightarrow \quad v_{0,\,min} = \ell \cdot \sqrt{\frac{q \cdot E}{m \cdot d}}$$

2. Unter welchem Winkel α gegen die Eintrittsrichtung verlassen die Teilchen den Feldbereich?

Lösung: Die Flugzeit t_F im Kondensator ist wegen $x(t_F) = v_0 \cdot t_F = \ell$ gerade $t_F = \frac{\ell}{v_0}$. Damit beträgt der vertikale Geschwindigkeitsanteil am rechten Rand des Feldes

$$v_y\left(\frac{\ell}{v_0}\right) \overset{(2)}{=} \frac{q \cdot E}{m} \cdot \frac{\ell}{v_0}$$

und für den gesuchten Winkel α gilt mit $v_x = v_0$:

$$\tan\alpha = \frac{v_y}{v_x} = \frac{q \cdot E \cdot \ell}{m \cdot v_0^2}$$

4.2 Geladene Teilchen im homogenen magnetischen Feld

Beschleunigung im homogenen magnetischen Feld
Elektrisch geladene Teilchen erfahren im homogenen magnetischen Feld **abhängig** von ihrer Geschwindigkeit die **Lorentzkraft** $\vec{\mathbf{F}}_\mathbf{L}$.
Sie ist senkrecht zur Geschwindigkeits- und zur Feldlinienrichtung gerichtet (Drei-Finger-Regel der rechten Hand) und hat den Betrag
$\mathbf{F_L = q \cdot v \cdot B}$.

q: elektrische Ladung des Teilchens
v: Geschwindigkeit des Teilchens
B: magnetische Flussdichte

Der Bahnverlauf im Magnetfeld hängt von der Richtung ab, welche die Teilchengeschwindigkeit bzgl. der Feldrichtung hat:

- $\vec{\mathbf{v}} \perp \vec{\mathbf{B}}$**:** Die Lorentzkraft wirkt als Zentripetalkraft auf das Teilchen, der Betrag der Geschwindigkeit ändert sich nicht → **Kreisbahn**. Aus dem entsprechenden Kraftansatz folgt für den **Bahnradius**:

$$F_Z = F_L \quad \Leftrightarrow \quad \frac{m \cdot v^2}{r} = q \cdot v \cdot B \quad \Rightarrow \quad r = \frac{m \cdot v}{q \cdot B}$$

- $\vec{\mathbf{v}} \parallel \vec{\mathbf{B}}$**:** $F_L = 0$. Die Bewegungsrichtung und der Betrag der Geschwindigkeit bleiben unverändert → **geradlinige Bahn**.

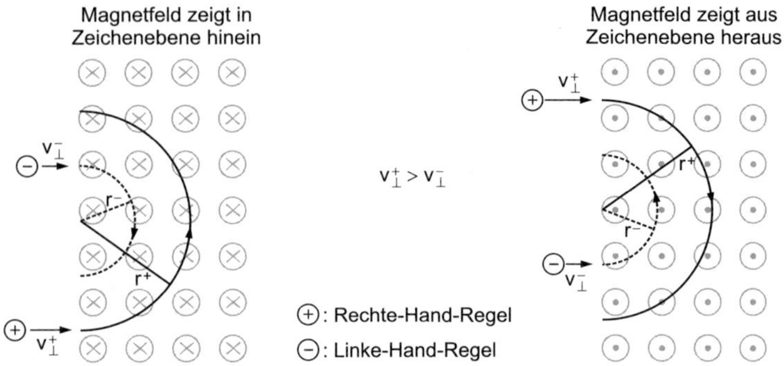

Bei **beliebig gerichteter** Geschwindigkeit $\vec{v}$ lässt sich die Bewegungsrichtung in einen Anteil $\vec{v}_{\|}$ und $\vec{v}_{\perp}$ zerlegen. Die zugehörigen Bewegungen überlagern sich zu einer **Schraubenbahn**, deren Achse parallel zur Magnetfeldrichtung liegt.

Radius und Ganghöhe der Schraubenbahn:
Schraubenradius (wirksamer Geschwindigkeitsanteil: $v_\perp$):

$$r = \frac{m}{q \cdot B} \cdot v_\perp$$

Ganghöhe der Schraube (wirksamer Geschwindigkeitsanteil: $v_{\|}$):

$$h = v_{\|} \cdot T = v_{\|} \cdot \frac{2\pi \cdot r}{v_\perp} = v_{\|} \cdot \frac{2\pi \cdot m \cdot v_\perp}{v_\perp \cdot q \cdot B} = \frac{2\pi \cdot m}{q \cdot B} \cdot v_{\|}$$

Weitere typische Aufgabenstellungen

1. Eine der Größen m, q, $v_\perp$ ist gesucht, die anderen sind gegeben.

   Lösung: Kraftansatz. Die resultierende Gleichung

   $$F_L = F_Z \quad \Leftrightarrow \quad q \cdot v_\perp \cdot B = \frac{m \cdot v_\perp^2}{r} \quad \Leftrightarrow \quad q \cdot B = \frac{m \cdot v_\perp}{r}$$

   wird nach der gesuchten Größe aufgelöst.

2. Ein geladenes Teilchen (Masse m) tritt senkrecht zur Feldrichtung in ein homogenes Magnetfeld mit bekannter Geschwindigkeit v ein und verlässt das Feld nach der Zeit t. Welche kinetische Energie besitzt das Teilchen beim Austritt?

   Lösung: Da im Feld keine Kraft in Bewegungsrichtung des Teilchens wirkt, gilt v = konst. W_{kin} beträgt daher unverändert $\frac{1}{2} m \cdot v^2$.

3. Erläutern Sie, warum man ein klassisches Zyklotron mit Wechselspannung konstanter Frequenz betreiben kann.

   Lösung: Die Frequenz der Wechselspannung, die für die Beschleunigung der geladenen Teilchen zwischen den Duanten des Zyklotrons sorgt, muss gleich der Umlauffrequenz f der Teilchen im homogenen Magnetfeld der Duanten sein. Diese beträgt

   $$f = T^{-1} = \left(\frac{2\pi \cdot r}{v}\right)^{-1} = \frac{v}{2\pi \cdot r} = \frac{v \cdot q \cdot B}{2\pi \cdot m \cdot v} = \frac{q \cdot B}{2\pi \cdot m}.$$

   Sie ist unabhängig von v und daher für die betreffende Teilchensorte bei fest eingestellter Flussdichte konstant (vgl. Kap. 4.3, S. 23).

4.3 Geladene Teilchen im E- und B-Feld – Anwendungen

In technischen oder wissenschaftlichen Apparaturen, in denen elektrisch geladene Teilchenströme eine Rolle spielen, findet die Teilchenbewegung meistens in einer Kombination aus elektrischem und magnetischem Feld statt. Damit überhaupt eine Lorentzkraft auftritt, muss eine zum Magnetfeld senkrechte Geschwindigkeitskomponente vorliegen.

Gesamtkraft auf ein elektrische geladenes Teilchen
Die resultierende Kraft auf ein Teilchen ergibt sich durch **vektorielle Addition** von elektrischer Kraft und Lorentzkraft (und eventuell weiterer vorhandener Kräfte); der Ausgangspunkt aller Berechnungen ist daher i. d. R. ein **Kraftansatz**:

$$\mathbf{F_{res} = \vec{F}_{el} + \vec{F}_L}$$

Liegen gekreuzte Felder $\vec{E} \perp \vec{B}$ vor, sind elektrische und Lorentzkraft parallel. Für die Beträge gilt dann:

$$F_{res} = F_{el} \pm F_L = q \cdot E \pm q \cdot v \cdot B$$

q: Teilchenladung	E: elektrische Feldstärke
v: Teilchengeschwindigkeit	B: magnetische Flussdichte

Erhalten die Teilchen dabei ihre Geschwindigkeit durch ein elektrisches Beschleunigungsfeld, lässt diese sich, falls nicht angegeben, durch einen **Energieansatz** ermitteln.

Teilchengeschwindigkeit im elektrischen Beschleunigungsfeld

Ein zunächst ruhendes geladenes Teilchen besitzt nach Durchlaufen eines elektrischen Feld der Stärke $E = \frac{U}{d}$ die Geschwindigkeit

$$W_{kin} = W_{el} \Leftrightarrow \frac{1}{2} m \cdot v^2 = q \cdot U \Rightarrow \mathbf{v = \sqrt{\frac{2q \cdot U}{m}}}.$$

v: Teilchengeschwindigkeit
m: Masse des Teilchens
d: Beschleunigungsstrecke
q: Teilchenladung
U: Beschleunigungsspannung

❶ Wien'sches Geschwindigkeitsfilter

In einem Wienfilter treten Teilchen verschiedener Geschwindigkeit durch die Blende L_1 ein. Nur Teilchen mit einer **bestimmten** Geschwindigkeit, bei der sich elektrische und magnetische Feldkraft aufheben, können den Filterbereich unabgelenkt durch die zweite Blende L_2 verlassen.

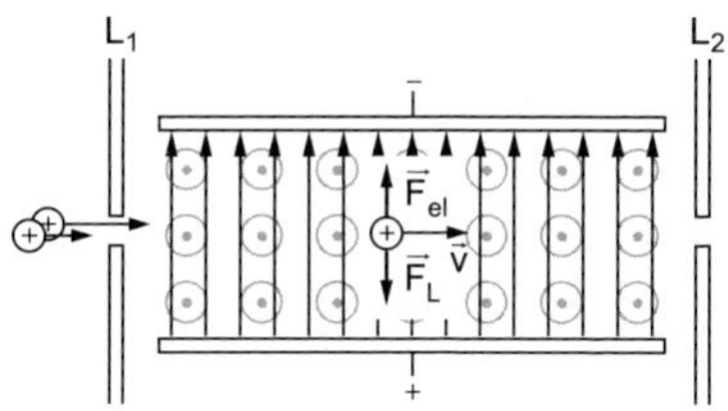

Kraftansatz:

$$F_{res} = 0 \Leftrightarrow F_{el} = F_L \Rightarrow q \cdot E = q \cdot v \cdot B \Rightarrow v = \frac{E}{B}$$

❷ Hallsonde

Eine Hallsonde ist ein quaderförmiger Leiter, der längs von Strom durchflossen wird. Wirkt senkrecht zur Stromrichtung ein Magnetfeld der Flussdichte B, lässt sich diese indirekt messen: Die Lorentzkraft sorgt für die Trennung der Ladungen (Drift nach oben bzw. unten). Dabei baut sich ein dem magnetischen Kraftfeld entgegen gerichtetes elektrisches Feld solange auf, bis sich die elektrische und die Lorentzkraft gerade gegenseitig aufheben.

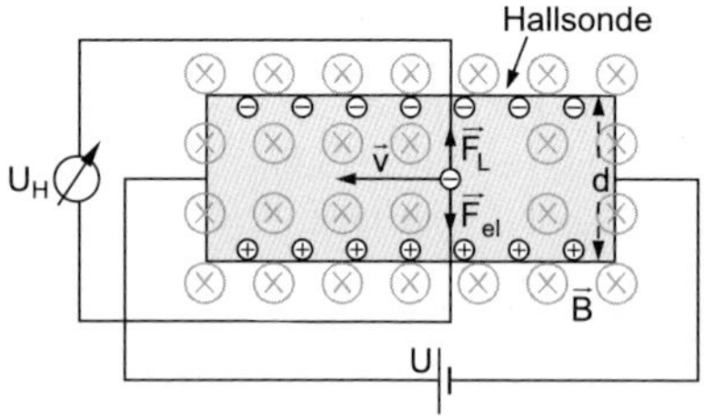

Durch diesen Gleichgewichtsfall ist die sogenannte **Hallspannung** definiert:

$$F_{el} = F_L \quad \Leftrightarrow \quad q \cdot \frac{U_H}{d} = q \cdot v \cdot B \quad \Rightarrow \quad U_H = d \cdot v \cdot B$$

Wegen $U_H \sim B$ eignet sich eine solche Hallsonde – nach entsprechender Eichung – zur **Messung von magnetischen Flussdichten**.

❸ Zyklotron

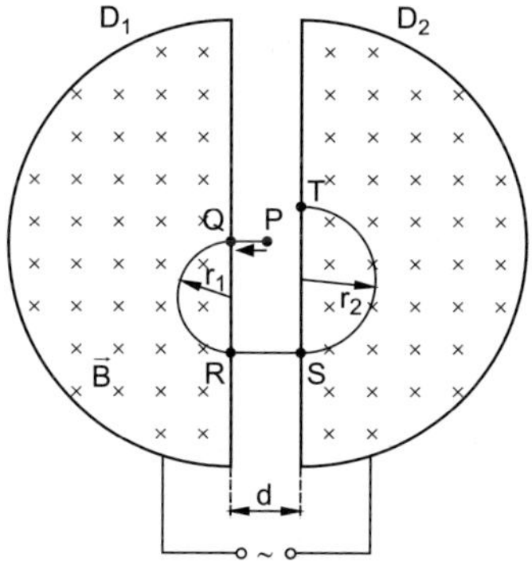

Das Zyklotron ist eine Platz sparende Beschleunigungseinrichtung für geladene Teilchen. Die evakuierte Anlage besteht im Wesentlichen aus zwei baugleichen Elektroden, den Duanten D_1 und D_2, die zusammengesetzt eine flache, zylindrische Dose ergeben würden und sich im Abstand d voneinander befinden. Die beiden Duanten werden mit den Polen einer Wechselspannungsquelle verbunden, die ganze Anordnung wird von einem homogenen Magnetfeld der Flussdichte $\vec{B}$ parallel zur Symmetrieachse durchsetzt. Geladene Teilchen, die im Punkt P freigesetzt werden, beschreiben unter dem Einfluss des Magnetfelds in jedem Duanten einen Halbkreis und werden jedes Mal, wenn sie den Duanten-Zwischenraum durchqueren, durch das elektrische Feld beschleunigt. Mit zunehmender Teilchengeschwindigkeit werden die Bahnradien größer. Hat ein Teilchen die gewünschte Geschwindigkeit erreicht, so kann es durch eine Ablenkvorrichtung aus dem Zyklotron herausgeführt werden.

Wichtige Kenngrößen

- Die **Frequenz f** der Teilchenumläufe und damit auch die der Wechselspannung ist unabhängig von der Teilchengeschwindigkeit (vgl. Kap. 4.2, S. 21):

  $$f = \frac{q \cdot B}{2\pi \cdot m}$$

Beachte: Bei sehr großen Geschwindigkeiten macht sich die relativistische Massenzunahme bemerkbar, sodass dann die Wechselspannungsfrequenz angepasst werden muss.

- Die **kinetische Energie E_{kin}** der Teilchen wird durch den erreichten Bahnradius bestimmt:

$$E_{kin} = \frac{1}{2}m \cdot v^2 = \frac{1}{2}m \cdot (r \cdot 2\pi \cdot f)^2 = \frac{1}{2}m \cdot \left(r \cdot 2\pi \cdot \frac{q \cdot B}{2\pi \cdot m}\right)^2 = \frac{q^2 \cdot B^2}{2m} \cdot r^2$$

- Die **Zahl N der Umläufe**, welche die Teilchen benötigen, um eine gegebene kinetische Energie zu erreichen, hängt von der Beschleunigungsspannung zwischen den Duanten ab. Vernachlässigt man den Umstand, dass zu Beginn bei Eintritt in P nur längs des halben Duantenabstands beschleunigt wird, gilt, dass pro Umlauf ein Teilchen zweimal den Energiezuwachs $\Delta E = q \cdot U$ erfährt, also:

$$N = \frac{E_{kin}}{2 \cdot \Delta E} = \frac{E_{kin}}{2q \cdot U} = \frac{q \cdot B^2}{4m} \cdot \frac{r^2}{U}$$

❹ Fadenstrahlrohr

Mithilfe eines Fadenstrahlrohrs kann die **spezifische Ladung des Elektrons** bestimmt werden. In einer sonst gut evakuierten Glasröhre befindet sich Wasserstoffgas geringen Drucks. In die Glasröhre sind eine Glühkatode K und eine Anode A mit Loch eingeschmolzen. Glühelektrisch bei K freigesetzte Elektronen werden durch die Spannung U_B zwischen K und A beschleunigt und treten hinter A senkrecht zu den Feldlinien in ein homogenes Magnetfeld der Flussdichte B ein. Dort regen einige von ihnen durch Stoß Wasserstoffatome an, die bei der Rückkehr in den Grundzustand Licht aussenden. So wird die **Kreisbahn der Elektronen** sichtbar.

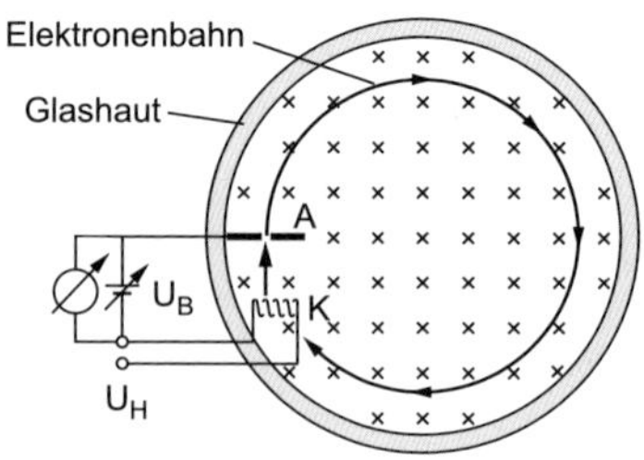

Kraftansatz:

$$e \cdot v \cdot B = \frac{m \cdot v^2}{r} \quad \Leftrightarrow \quad v = \frac{e}{m} \cdot B \cdot r \qquad (1)$$

Energieansatz:

$\frac{1}{2} m \cdot v^2 = e \cdot U_B \Rightarrow v^2 = 2U_B \cdot \frac{e}{m}$ (2)

Spezifische Ladung:

$(1)^2 = (2) \Leftrightarrow \left(\frac{e}{m}\right)^2 \cdot B^2 \cdot r^2 = 2U_B \cdot \frac{e}{m} \Leftrightarrow \frac{e}{m} = \frac{2U_B}{B^2 \cdot r^2}$

❺ Massenspektrometer (nach Bainbridge)

Positiv geladene Ionen unterschiedlicher Geschwindigkeit und spezifischer Ladung treten bei P_1 in ein Wienfilter ein (Betrag der elektrischen Feldstärke: E_0; Betrag der magnetischen Flussdichte: B_0). Ein Teil passiert das Filter unabgelenkt und tritt bei P_2 senkrecht zu den Feldlinien in ein homogenes Magnetfeld der Flussdichte $\vec{B}_1$ ein. Die Ionen durchlaufen dort einen Halbkreis und gelangen dann in P_3 auf einen Registrierschirm.

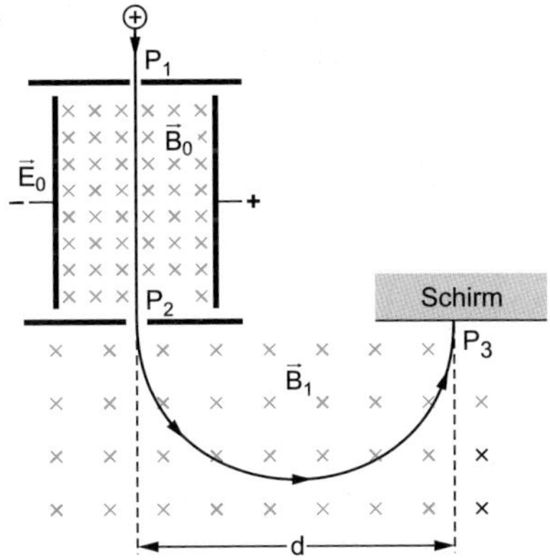

Geschwindigkeit bei P_2 (vgl. S. 22):

$v = \frac{E_0}{B_0}$ (3)

Geschwindigkeit bei auf der Kreisbahn (vgl. (1), S. 24):

$v = \frac{q}{m} \cdot B_1 \cdot r$ (4)

Spezifische Ladung (mit $d = 2r$):

$(3) = (4) \Leftrightarrow \frac{E_0}{B_0} = \frac{q}{m} \cdot B_1 \cdot r \Leftrightarrow \frac{q}{m} = \frac{E_0}{B_0 \cdot B_1 \cdot r} = \frac{2E_0}{B_0 \cdot B_1 \cdot d}$

Bestimmung der Masse (bei bekannter Teilchenladung):

$\frac{d}{m} = \frac{2E_0}{B_0 \cdot B_1 \cdot q} = \text{konst.} \Rightarrow m \sim d$

5 Elektromagnetische Induktion

Anwendungsgebiete:

❶ Experimente: bewegte Leiterschleifen/Spulen im Magnetfeld (gleichmäßig oder beschleunigt)

❷ Technik: Erzeugung von Wechselspannung (Generator); Induktionsherd; magnetischer Datenspeicher; Akkuaufladung

5.1 Induktionsgesetz

In einer Leiterschleife der Querschnittfläche A, die sich in einem homogenen Magnetfeld der Flussdichte B befindet, tritt eine Induktionsspannung auf, wenn sich der magnetische Fluss $\Phi = B_{\perp} \cdot A$ durch diese Schleife zeitlich ändert. Dabei ist $B_{\perp} = B \cdot \cos\alpha$ der zur Fläche A senkrechte Anteil der Flussdichte B (α: Winkel zwischen Magnetfeld und Flächennormale). Eine Spule stellt eine Reihenschaltung vieler solcher Leiterschleifen dar, die Induktionsspannung wird größer.

Induktionsgesetz
Jede zeitliche Änderung des magnetischen Flusses $\Phi(t)$ durch eine Spule induziert zwischen den Spulenenden die Induktionsspannung
$\mathbf{U_{ind}(t) = -N \cdot \dot{\Phi}(t)}$.
N: Windungszahl der Spule
$\dot{\Phi}(t)$: Ableitung von $\Phi(t)$ nach der Zeit

Die **zeitliche Flussänderung** $\dot{\Phi}(t) = \dot{B}_{\perp}(t) \cdot A(t) + B_{\perp}(t) \cdot \dot{A}(t)$ kann realisiert sein durch eine

- **Änderung des Magnetfelds ($\dot{B}_{\perp}$).** Beispiel: mit Wechselspannung betriebener Elektromagnet; rotierende Leiterschleife (Generator)
- **Änderung der Fläche** ($\dot{A}$). Beispiel: Ein- und Austritt einer Leiterschleife in ein Magnetfeld

Anschauliche Deutung: In beiden Fällen ändert sich die **Zahl der Feldlinien**, die die Schleifenfläche durchsetzt: einmal, weil sich die *Fläche* selbst ($\dot{A}$), einmal, weil sich die *Dichte der Feldlinien* ($\dot{B}_{\perp}$) ändert.

1. Eine quadratische Leiterschleife (Kantenlänge a) bewegt sich mit konstanter Geschwindigkeit v auf ein räumlich begrenztes, homogenes Magnetfeld der Flussdichte B zu und durchquert dieses.

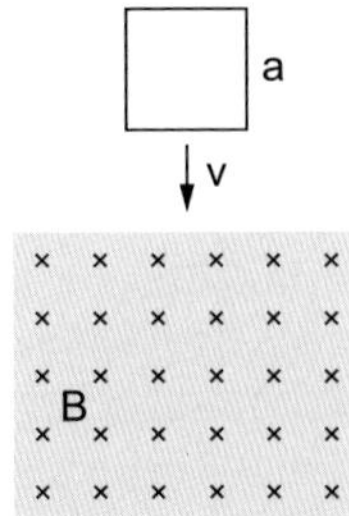

   a) Erklären Sie das Zustandekommen der Induktionsspannung mithilfe der auftretenden
      - Flussänderung;
      - Wirkung der Lorentzkraft.

   b) Skizzieren Sie den zeitlichen Verlauf des magnetischen Flusses in der Schleife und der Induktionsspannung während eines vollständigen Durchgangs.

Lösung:

a) **Flussänderung:** Während des Eintretens in das B-Feld nimmt die von B durchsetzte Fläche A(t) (wegen v = konst.) linear zu ($\rightarrow U_{ind}$ = konst., < 0), beim Austritt linear ab ($\rightarrow U_{ind}$ = konst., > 0). In Formeln:

$$|U_{ind}| = |\dot{\Phi}| = B \cdot |\dot{A}| = B \cdot a \cdot |\dot{a}| = B \cdot a \cdot v = \text{konst.}$$

Solange sich die Schleife vollständig innerhalb des Feldes befindet, bleibt A(t) = konst. ($\rightarrow U_{ind} = 0$).

Lorentzkraft: Sie wirkt während des Ein-/Austretens auf die Ladungsträger in der im B-Feld liegenden Querseite der Schleife (nicht in den Längsseiten, da diese parallel zu v). Die Ladungstrennung führt zu $U_{ind} = \pm$ konst. an den Seitenenden. In Formeln:

$$|U_{ind}| = |F| \cdot a = \left|\frac{F_L}{q}\right| \cdot a = \left|\frac{q \cdot v \cdot B}{q}\right| \cdot a = v \cdot B \cdot a = \text{konst.}$$

Sind beide Querseiten im B-Feld, kompensieren sich die zugehörigen Lorentzkräfte ($\rightarrow U_{ind} = 0$).

b) t-U_{ind}- bzw.- t-Φ-Diagramm:

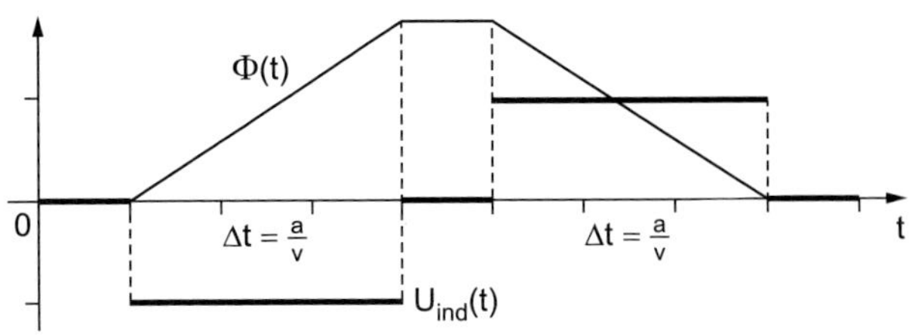

2. Eine Leiterschleife (Querschnittsfläche A) dreht sich in einem homogenen Magnetfeld im Uhrzeigersinn mit konstanter Frequenz um ihre Längsachse (Skizze: Frontalansicht). Zum Zeitpunkt $t = 0\,s$ befinde sich die Schleife in der Stellung $\varphi = 0°$, in der sie gerade nicht von den Feldlinien durchsetzt wird.

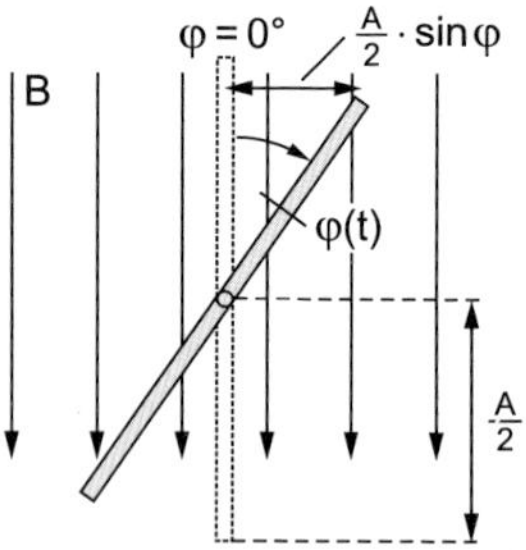

Bestimmen Sie die Funktionsgleichung $U_{ind}(t)$ und beschreiben Sie anhand der Gleichung, wie man den Scheitelwert der Induktionsspannung erhöhen könnte.

Lösung: Für die von B durchsetzte Fläche $A(\varphi)$ gilt $A(0°) = 0$, $A(90°) = A$ und allgemein: $A(\varphi(t)) = A \cdot \sin\varphi(t) = A \cdot \sin(\omega \cdot t)$

Induktionsspannung: Induktionsgesetz mit $N = 1$

$$U_{ind}(t) = -\dot{\Phi} = -B \cdot \dot{A} = -B \cdot A \cdot (\sin(\omega \cdot t))^{\bullet} = -B \cdot A \cdot \omega \cdot \cos(\omega \cdot t)$$

Ein höherer Scheitelwert $U_{max} = B \cdot A \cdot \omega$ ist möglich durch Vergrößern der Flussdichte B, der Querschnittsfläche A oder der Kreisfrequenz ω.

5.2 Lenz'sche Regel – Selbstinduktion

Lenz'sche Regel
Induktionsvorgänge laufen stets so ab, dass sie ihrer Ursache entgegenwirken.

Einer Zylinderspule wird ein Stabmagnet genähert. Bestimmen Sie mithilfe der Lenz'schen Regel die technische Richtung des induzierten Spulenstroms.

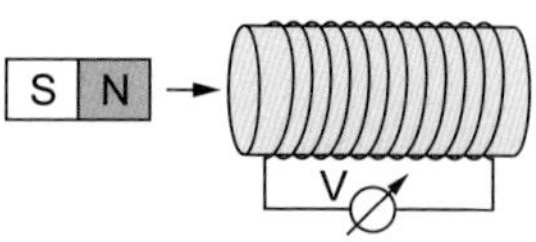

Lösung: Dem sich nähernden Stabmagnetpol steht nach der Lenz'schen Regel ein gleichnamiger Spulenmagnetpol gegenüber. Nach der Rechte-Faust-Regel muss der Strom daher in der eingezeichneten Richtung fließen.

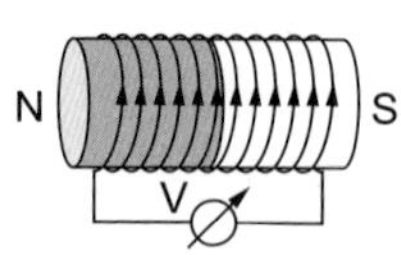

Unter **Selbstinduktion** versteht man das Auftreten einer Induktionsspannung in einem Leiterkreis, die durch eine Änderung des Stroms im gleichen Leiterkreis verursacht wird.

Selbstinduktion

Ändert sich in einer Spule die Stromstärke I, wird in der Spule selbst eine Gegenspannung U_{ind} induziert, die zu jedem Zeitpunkt proportional zur Stromstärkeänderung ist:

$$\mathbf{U_{ind} = -L \cdot \dot{I} \qquad [L] = 1\,\frac{Vs}{A} = 1\,H}$$

Der Proportionalitätsfaktor L heißt **Induktivität** (Einheit: 1 Henry).

Hinweis: Durch das Minuszeichen ist berücksichtigt, dass die Selbstinduktionsspannung nach der Lenz'schen Regel ihrer Ursache – der Stromstärkeänderung – entgegenwirkt.

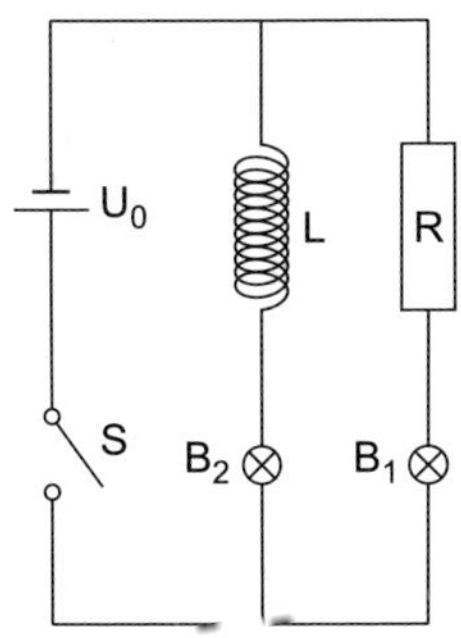

Grundversuch zur Selbstinduktion: Nach dem Schließen des Schalters S leuchtet Glühbirne B_1 sofort, B_2 erst verzögert auf.

Begründung: In der Spule der Induktivität L baut sich das Magnetfeld verzögert auf, weil durch die Stromstärkezunahme eine Gegenspannung induziert wird und daher in Bilanz kaum Strom fließen kann. Erst wenn die Stromstärke in der Spule sich nicht mehr ändert, leuchtet auch B_2 in voller Stärke.

Die Induktivitäten einiger weniger Leiterkreise kann man durch ihre geometrischen Daten ausdrücken, so z. B. für Zylinderspulen.

Induktivität einer Spule

Eine langgestreckte Zylinderspule (Länge ℓ, Windungszahl N, Querschnittsfläche A) hat die Induktivität

$$\mathbf{L = \mu_0 \cdot A \cdot \frac{N^2}{\ell}}$$

μ_0: magnetische Feldkonstante ($\mu_0 = 4\pi \cdot 10^{-7}\,\frac{Vs}{Am}$)

Analog zum elektrischen Feld innerhalb eines Kondensators ist im magnetischen Feld einer Spule Energie gespeichert.

In der Spule gespeicherte Energie
Im magnetischen Feld einer stromdurchflossenen Spule (Stromstärke I, Induktivität L) ist die Energie

$$\mathbf{W = \tfrac{1}{2} L \cdot I^2}$$

gespeichert.

1. Eine zylindrische Spule ($\ell = 1{,}00\ \text{m}$, $N = 2\,000$, $A = 400\ \text{cm}^2$) wird von einem Strom der Stärke 2,5 A durchflossen.
   Berechnen Sie, wie lange ein geeignet angeschlossenes Glühlämpchen (3,0 V; 0,05 A) nach dem Abtrennen der Stromversorgung maximal leuchten kann.

   Lösung:
   Induktivität:
   $$L = \mu_0 \cdot A \cdot \frac{N^2}{\ell} = 4\pi \cdot 10^{-7}\ \frac{\text{Vs}}{\text{Am}} \cdot 400 \cdot 10^{-4}\ \text{m}^2 \cdot \frac{2\,000^2}{1{,}00\ \text{m}} = 0{,}201\ \text{H}$$
   Energieinhalt der Spule:
   $$W = \frac{1}{2} L \cdot I^2 = \frac{1}{2} \cdot 0{,}201\ \text{H} \cdot (2{,}5\ \text{A})^2 = 0{,}628\ \text{J}$$
   Leistungsaufnahme des Lämpchens:
   $$P = U_0 \cdot I_0 = 3{,}0\ \text{V} \cdot 0{,}05\ \text{A} = 0{,}15\ \text{W}$$
   Maximale Leuchtdauer:
   $$P = \frac{W}{t} \quad \Rightarrow \quad t = \frac{W}{P} = \frac{0{,}628\ \text{J}}{0{,}15\ \text{W}} = 4{,}2\ \text{s}$$

2. **Reihenschaltung von Spulen**
   $$U_{\text{ind, ges}} = U_{\text{ind, 1}} + U_{\text{ind, 2}}; \quad \dot{I} = \text{konst.}$$
   $$\Rightarrow \quad -L_{\text{ges}} \cdot \dot{I} = -L_1 \cdot \dot{I} - L_1 \cdot \dot{I} = -(L_1 + L_2) \cdot \dot{I} \quad \Rightarrow \quad L_{\text{ges}} = L_1 + L_2$$

   Parallelschaltung von Spulen
   $$\dot{I}_{\text{ges}} = \dot{I}_1 + \dot{I}_2; \quad U_{\text{ind}} = \text{konst.}$$
   $$\Rightarrow \quad -\frac{U_{\text{ind}}}{L_{\text{ges}}} = -\frac{U_{\text{ind}}}{L_1} - \frac{U_{\text{ind}}}{L_2} = -\left(\frac{1}{L_1} + \frac{1}{L_2}\right) \cdot U_{\text{ind}} \quad \Rightarrow \quad \frac{1}{L_{\text{ges}}} = \frac{1}{L_1} + \frac{1}{L_2}$$

Weitere typische Aufgabenstellungen

1. Ein- und/oder Ausschaltvorgang bei Spulen
   Gegeben: R-L-Schaltung; t-I-Diagramm
   Gesucht: Erläuterung des Kurvenverlaufs; Bestimmung von R oder L durch grafische Auswertung

   Lösung:
   - Kurvenverlauf → Selbstinduktion (siehe Grundversuch)
   - Einschaltvorgang:
     - I(t) nimmt verzögert (genauer: nach einem Exponentialgesetz, vgl. Formelsammlung) zu
     - Sättigungswert $I_S \rightarrow R = \frac{U}{I_S}$;
     - Tangentensteigung bei $I(t_0) \rightarrow \dot{I}(t_0) \rightarrow L = \frac{U(t_0)}{\dot{I}(t_0)}$
   - Ausschaltvorgang:
     - R parallel zu L geschaltet: I(t) sinkt verzögert (exponentiell) auf null; Stromänderungsrate proportional zur Stromstärke: $\dot{I} = -\frac{R}{L} \cdot I$
     - R in Reihe zu L geschaltet: I(t) sinkt schlagartig auf null; kurzzeitig sehr hohe Selbstinduktionsspannung wegen $U_{ind} \sim \dot{I}$

2. Erläuterung des Funktionsprinzips bei technischen Anwendungen der Induktion, z. B. Erzeugung sinusförmiger Wechselspannung, Induktionsherd, Wirbelstrombremse, magnetischer Datenspeicher, Mikrofon, Lautsprecher; Zündanlage

6 Elektromagnetische Schwingungen und Wellen

Anwendungsgebiete:

❶ Experimente: Erzeugung ungedämpfter Schwingungen (Meißner-Schaltung); Interferenz (an dünnen Schichten; Interferometer)

❷ Technik: Transponder (RFID-Etiketten), Ampelsteuerung, Frequenzfilter (LC-Kreis); Mikrowellen, Rundfunk, Linsenvergütung

6.1 Elektromagnetische Schwingungen

Ein elektromagnetischer **Schwingkreis** besteht im Wesentlichen aus einer Spule und einem Kondensator. In ihm wandeln sich elektrische und magnetische Feldenergie fortwährend periodisch um. Arbeitet der Schwingkreis verlustfrei, d. h, kann der ohmsche Widerstand von Spule und Zuleitungen vernachlässigt werden, sind die Schwingungen ungedämpft und harmonisch (d. h. sinusförmig), die Gesamtenergie im Kreis ist zeitlich konstant.

Ein Kondensator wird zunächst aufgeladen (Schalterstellung 1) und anschließend über eine Spule entladen (Schalterstellung 2). Beschreiben und begründen Sie die physikalischen Vorgänge, die im ungedämpften elektromagnetischen Schwingkreis während einer Schwingungsperiode ablaufen.

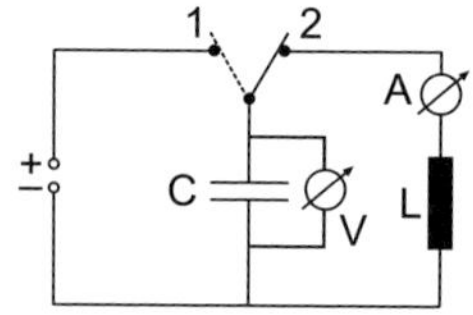

Lösung: Unterteilung in Zeitabschnitte der Länge $\frac{T}{4}$

- **t = 0 s:**
  - Kondensator vollständig geladen
  - Es fließt kein Strom.
  - ganze Energie im elektrischem Feld des Kondensators: $W_{el} = W_{max}$

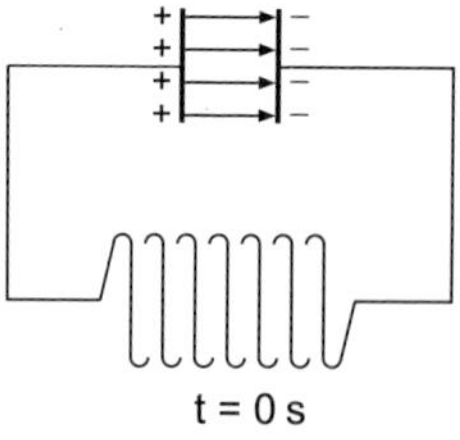

- **$0 < t \leq \frac{T}{4}$:**
  - Kondensator entlädt sich, es fließt Strom (Kondensator = „Batterie“).
  - Magnetfeld in Spule baut sich auf
  - Stromstärke nimmt aufgrund der Selbstinduktion der Spule (Lenz'sche Regel) nur verzögert zu
  - W_{el} wird kleiner, W_{mag} wird größer

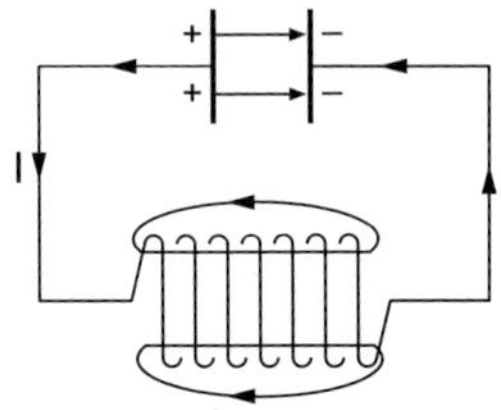

$t = \frac{T}{8}$

- **$t = \frac{T}{4}$:**
  - Kondensator vollständig entladen
  - Stromstärke maximal
  - ganze Energie im magnetischen Feld der Spule: $W_{mag} = W_{max}$

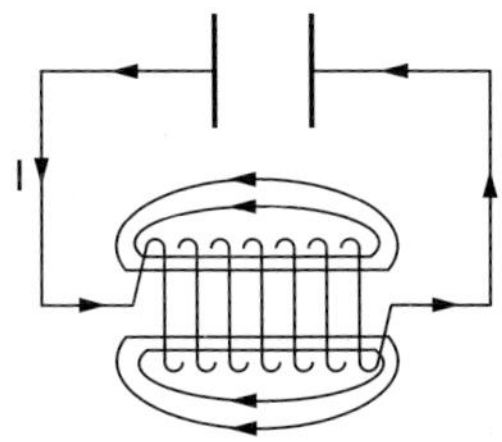

$t = \frac{T}{4}$

- **$\frac{T}{4} < t \leq \frac{T}{2}$:**
  - Stromstärke nimmt mangels Ladungsnachschub ab
  - Magnetfeld in Spule nimmt ab
  - induzierte Spannung (Lenz'sche Regel) erzeugt Stromfluss in *dieselbe* Richtung (Spule = „Batterie“)
  - W_{mag} wird kleiner, W_{el} wird größer

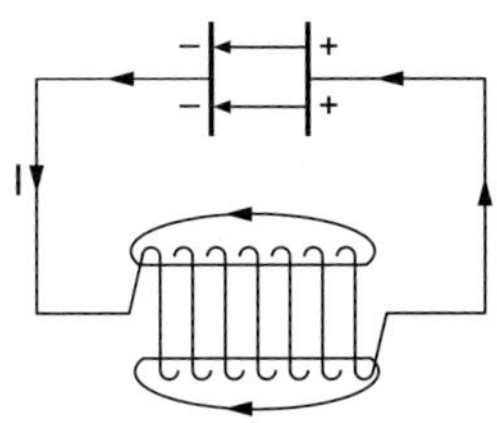

$t = \frac{3}{8}T$

- **$t = \frac{T}{2}$:**
  - Kondensator vollständig geladen (entgegengesetzte Polung zu $t = 0\,s$)
  - Es fließt kein Strom.
  - ganze Energie im elektrischem Feld des Kondensators: $W_{el} = W_{max}$

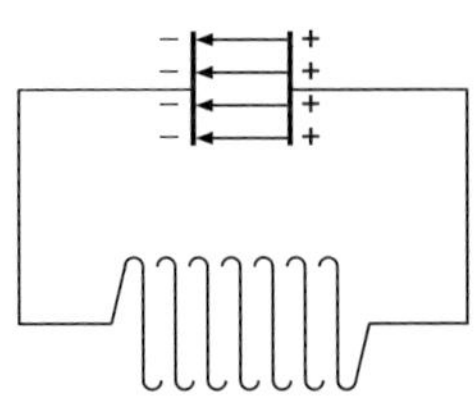

$t = \frac{T}{2}$

- **$\frac{T}{2} < t \leq T$:** Vorgänge wiederholen sich in umgekehrter Richtung.

Schwingungsdauer des Schwingkreises (Thomson-Formel)
Die Schwingungsdauer T des ungedämpften Schwingkreises hängt von der Induktivität L der Spule und der Kapazität C des Kondensators ab:
$$\mathbf{T = 2\pi \cdot \sqrt{L \cdot C}}$$

Entsprechend gilt für die **Eigenfrequenz** des Schwingkreises:
$$f = \frac{1}{T} = \frac{1}{2\pi \cdot \sqrt{L \cdot C}}$$

Ein Kondensator und eine Spule ($C = 2{,}5\ \mu F$; $L = 65\ mH$) bilden einen praktisch verlustfreien Schwingkreis. Schiebt man einen Eisenkern in die Spule, so halbiert sich die Eigenfrequenz.
Berechnen Sie die Induktivität der Spule mit Eisenkern (Fe).

Lösung:

$$f_{Fe} = \frac{1}{2} f_0 \quad \Rightarrow \quad 2 = \frac{f_0}{f_{Fe}} = \frac{\frac{1}{2\pi \cdot \sqrt{L_0 \cdot C}}}{\frac{1}{2\pi \cdot \sqrt{L_{Fe} \cdot C}}} = \frac{\sqrt{L_{Fe} \cdot C}}{\sqrt{L_0 \cdot C}} = \sqrt{\frac{L_{Fe}}{L_0}}$$

$$\Rightarrow \quad L_{Fe} = 2^2 \cdot L_0 = 4 \cdot 65\ mH = 260\ mH$$

Weitere Eigenschaften von Schwingkreisen

- Zeitabhängigkeiten:
  - Kondensatorladung: $Q(t) = Q_0 \cdot \sin(\omega \cdot t + \varphi)$ mit $\omega = 2\pi \cdot f$
  - Spulenstromstärke: $I(t) = I_0 \cdot \cos(\omega \cdot t + \varphi)$ mit $I_0 = \frac{Q_0}{\sqrt{L \cdot C}}$
  - Spannung (an C bzw. L): $U(t) = U_0 \cdot \sin(\omega \cdot t + \varphi)$ mit $U_0 = \frac{Q_0}{C}$
  - φ (Phasenkonstante): beschreibt Schwingungszustand bei $t = 0\ s$
- In der Realität ist im Schwingkreis stets ein endlich großer ohmscher Widerstand vorhanden. Folglich sind die Schwingungen **gedämpft**, d. h., Schwingungsenergie wird dem Kreis nach und nach entzogen und in Wärmeenergie umgewandelt.
- Regt man einen Schwingkreis von außen mit einer festen Erregerfrequenz f_{err} an, so schwingt er (nach einer kurzen Einschwingphase) mit dieser Frequenz **(erzwungene Schwingung)**. Liegt die Erregerfrequenz in der Nähe der Eigenfrequenz ($f_{err} \approx f_0$, abhängig vom ohmschen Widerstand im Kreis), kommt es zur **Resonanz**: Die Schwingungsamplituden im Kreis werden maximal.

- Um einen gedämpften Schwingkreis verlustfrei zu betreiben, muss man in geeigneter Weise (d. h. phasenrichtig) die entzogene Energie wieder zuführen. Dies geschieht durch **Rückkopplung**.

Meißner-Rückkopplungsschaltung

Rechte Teil des Schaltbilds: eigentlicher Schwingkreis (L_S; C).
Linker Teil: evakuierte Triode
Aus der (Glüh-)Kathode K austretende Elektronen werden durch das Gitter G zur Anode A beschleunigt. Von dort fließen sie über den Schwingkreis zurück und liefern diesem somit Energie. Die induktive Kopplung der Gitterspannung an den Schwingkreis sorgt dafür, dass diese Energiezufuhr im richtigen Rhythmus (nämlich der Schwingkreisfrequenz) erfolgt.

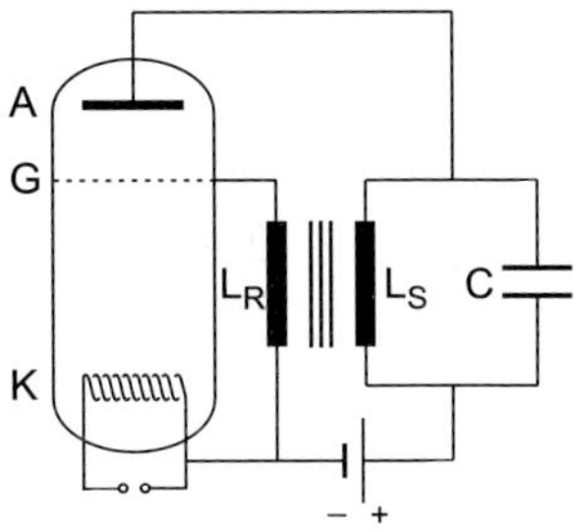

Weitere typische Aufgabenstellungen

1. Berechnungen mit der Thomson-Formel
   Gegeben: zwei der Größen T, L, C
   Gesucht: dritte Größe oder gegenseitiger Einfluss der Größen

   Lösung:

$$T = 2\pi \cdot \sqrt{L \cdot C} \quad \text{oder} \quad \frac{T_1}{T_2} = \frac{\sqrt{L_1 \cdot C_1}}{\sqrt{L_2 \cdot C_2}} \quad \Rightarrow \quad \begin{cases} \dfrac{T_1}{T_2} = \dfrac{\sqrt{C_1}}{\sqrt{C_2}} & \text{falls } L_1 = L_2 \\ \dfrac{T_1}{T_2} = \dfrac{\sqrt{L_1}}{\sqrt{L_2}} & \text{falls } C_1 = C_2 \\ \dfrac{L_1}{L_2} = \dfrac{C_2}{C_1} & \text{falls } T_1 = T_2 \end{cases}$$

2. Auswerten von Graphen (zeitlicher Schwingungsverlauf)
   Gegeben: Graph t gegen U, I, W_{el}, W_{mag}
   Gesucht: Bestimmung von T, f; Amplituden U_0, I_0; W_{ges}

   Lösung: $T = \frac{1}{f}$: Abstand der Maxima/Minima;

   $U_0 = U_{max}$; $I_0 = I_{max}$; $W_{ges} = W_{el} + W_{mag} = \text{konst.}$

6.2 Elektromagnetische Wellen

Dipolstrahlung

Hertz'scher Dipol (Antenne):

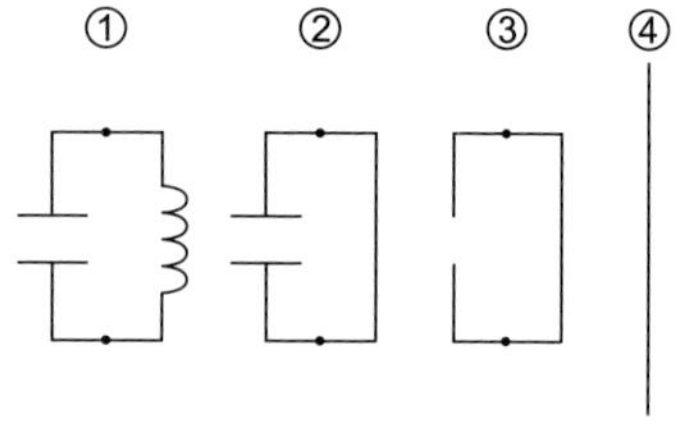

- „Aufgebogener" Schwingkreis:
  ① LC-Kreis (Windungszahl N)
  mit $C = \varepsilon_0 \cdot \frac{A}{d}$; $L = \mu_0 \cdot \frac{N^2}{\ell} \cdot A$
  ② Verringern von N ($L_{②} < L_{①}$)
  ③ Verringern von A ($C_{③} < C_{①}$)
  ④ Vergrößern von d ($C_{④} < C_{③}$)
- sehr kleine Werte von C und L → Eigenfrequenz $f \sim \frac{1}{\sqrt{L \cdot C}}$ groß
- Elektrisches und magnetisches Feld sind nicht mehr lokal begrenzt, sondern erfüllen den ganzen umgebenden Raum

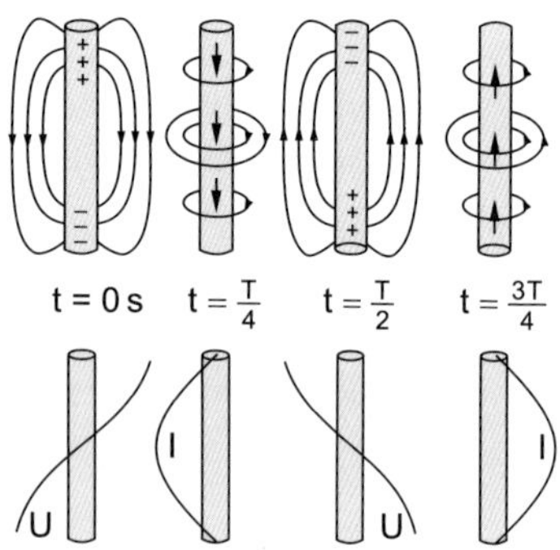

Feldlinienbild (Bild oben)

- $t = 0\,s$, $t = \frac{T}{2}$: E-Feld maximal
- $t = \frac{T}{4}$, $t = \frac{3T}{4}$: B-Feld maximal

Spannungs- und Stromstärkeverteilung (Bild unten)

- stehende Welle für „passende" λ
- Grundschwingung für $\ell = \frac{\lambda_0}{2}$
- Oberschwingungen für
  $\ell = \frac{\lambda_n}{2} \cdot (n+1)$, $n = 1, 2, 3, \ldots$

Die Veränderungen des elektrischen und magnetischen Feldes des Dipols breiten sich mit Lichtgeschwindigkeit c im Raum als **elektromagnetische Welle** aus (Wellenlänge λ, Frequenz f) und regen Ladungsträger in einem baugleichen Dipol, der parallel zum Sender steht, zur gleichen Schwingung an. Elektromagnetische Wellen sind **Transversalwellen**: $\vec{E}$- und $\vec{B}$-Vektor schwingen quer zur Ausbreitungsrichtung der Welle, wobei $\vec{E} \perp \vec{B}$ (↔ Longitudinalwellen, z. B. Schall).

Grundgleichung der Wellenlehre
Zwischen der Ausbreitungsgeschwindigkeit c, der Wellenlänge λ und der Anregungsfrequenz f besteht der Zusammenhang:
$\mathbf{c = \lambda \cdot f}$

1. Berechnen Sie die Länge eines mit der Frequenz $f_0 = 420$ MHz in Grundschwingung angeregten Dipols.

   Lösung: $\ell = \frac{\lambda_0}{2} = \frac{c}{2f_0} = \frac{3{,}0 \cdot 10^8 \ \frac{m}{s}}{2 \cdot 420 \cdot 10^6 \ \frac{1}{s}} = 0{,}36 \text{ m}$

2. Mit welcher Schwingungsdauer schwingt ein 1,80 m langer Dipol in der 2. Oberschwingung?

   Lösung: $n = 2 \ \Rightarrow \ \ell = \frac{\lambda_2}{2} \cdot (2+1) \ \Rightarrow \ \lambda_2 = \frac{2\ell}{3}$

   $\Rightarrow \ T = \frac{1}{f_2} = \frac{\lambda_2}{c} = \frac{2\ell}{3c} = \frac{2 \cdot 1{,}80 \text{ m}}{3 \cdot 3{,}0 \cdot 10^8 \ \frac{m}{s}} = 4{,}0 \text{ ns}$

Verhalten von Wellen

Huygens'sches Prinzip

- Jeder Punkt einer jeden Wellenfront kann als Ausgangspunkt einer elementaren Kreiswelle aufgefasst werden, die sich mit der gleichen Geschwindigkeit und der gleichen Wellenlänge wie die ursprüngliche Welle ausbreitet.
- Die neuen Wellenfronten ergeben sich durch Überlagerung aller Elementarwellen als Einhüllende der Elementarwellen.

Reflexion

- Einfallslot, einfallende, reflektierte Strahlung in einer Ebene
- Einfallswinkel = Ausfallswinkel

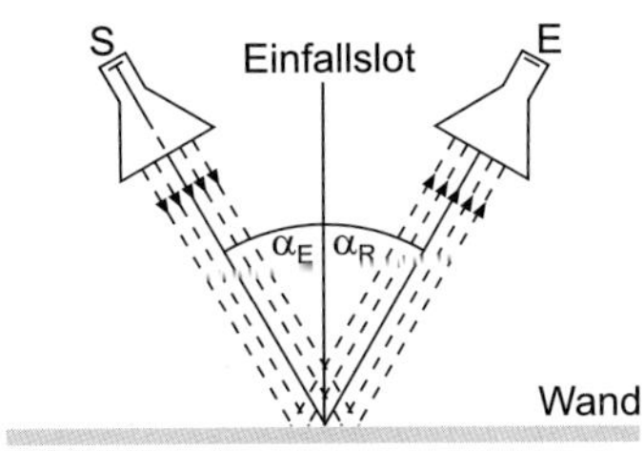

Brechung

- Einfallslot, einfallende, gebrochene Strahlung in einer Ebene
- Brechung zum Lot: $\alpha_1 > \alpha_2$
- Brechung vom Lot: $\alpha_2 < \alpha_1$; für $\alpha_2 > \alpha_{Grenz}$: Totalreflexion
- Brechungsgesetz: $\frac{\sin\alpha_1}{\sin\alpha_2} = \frac{c_1}{c_2} = \frac{n_2}{n_1}$

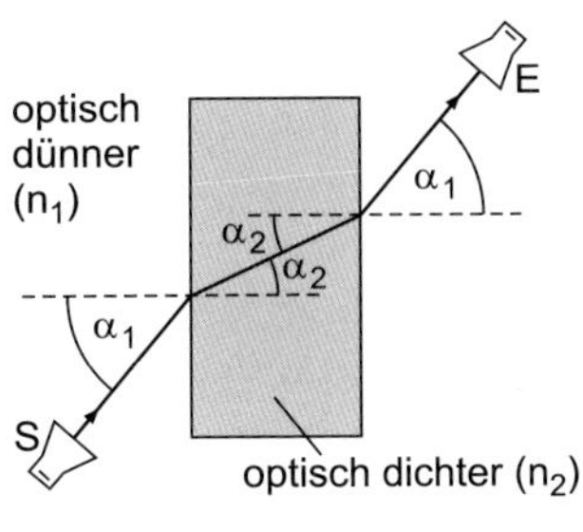

Beugung

- Ablenkung von der ursprünglichen Strahlrichtung beim Passieren eines geeigneten Hindernisses, z. B. Spalt
- Hindernisbreite ≈ Wellenlänge

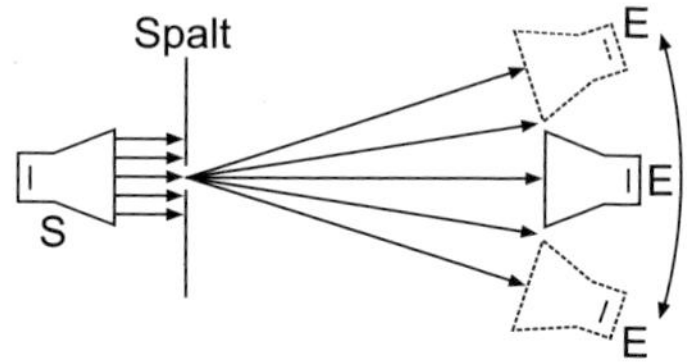

Polarisation

- Transversalwelle: Schwingungsrichtung des $\vec{E}$-Vektors = Polarisationsrichtung
- lineare Polarisation: feste Polarisationsrichtung
- Polarisationsfilter: Messung der Polarisation/Erzeugung linearer Polarisation

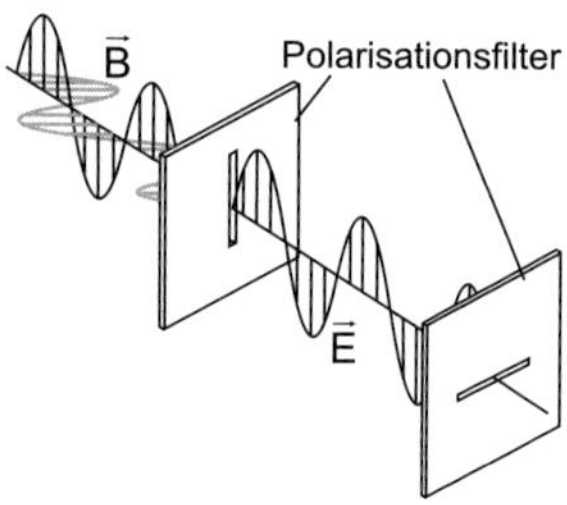

Interferenz

- Überlagerung kohärenter Wellen, z. B. hinter Doppelspalt oder zwei Sendedipolen
- *konstruktiv (Verstärkung):* an Stellen, an denen zwei Wellentäler bzw. zwei Wellenberge aufeinandertreffen (schwarze Punkte) → Interferenzmaxima
- *destruktiv (Auslöschung):* an Stellen, an denen ein Wellental und ein Wellenberg aufeinandertreffen (graue Punkte) → Interferenzminima

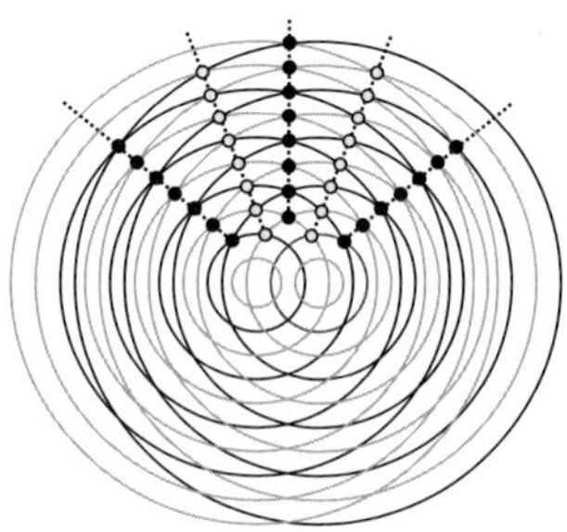

Beugungsbedingungen für Interferenzmaxima und -minima

Zwei kohärente Wellen mit Gangunterschied Δs überlagern sich

- **konstruktiv** in k-ter Ordnung, falls Δs ein ganzzahliges Vielfaches der Wellenlänge ist:
  $\mathbf{\Delta s = k \cdot \lambda \quad (k \in \mathbb{Z})}$
- **destruktiv** in k-ter Ordnung, falls Δs ein ungeradzahliges Vielfaches der halben Wellenlänge ist:
  $\mathbf{\Delta s = (2k+1) \cdot \frac{\lambda}{2} \quad (k \in \mathbb{Z})}$

1. Zwei gleichphasig schwingende Sendedipole S_1 und S_2 stehen in 10,0 m Abstand voneinander und senden elektromagnetische Wellen der Frequenz f = 200 MHz aus.
   Berechnen Sie den Beugungswinkel, unter dem sich in großem Abstand die beiden Maxima 2. Ordnung finden.

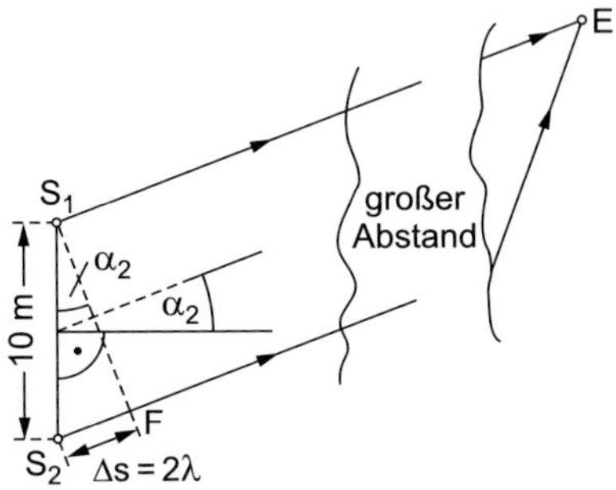

Lösung: $k = 2 \rightarrow \Delta s = 2\lambda$; $\lambda = \frac{c}{f} = \frac{3{,}00 \cdot 10^8 \frac{m}{s}}{200 \cdot 10^6 \frac{1}{s}} = 1{,}5\ m$

$$\sin \alpha_2 = \frac{\Delta s}{10{,}0\ m} = \frac{2\lambda}{10{,}0\ m} = \frac{2 \cdot 1{,}50\ m}{10{,}0\ m} = 0{,}300 \Rightarrow \alpha_2 = 17{,}5°$$

Hinweis: Der Verweis im Aufgabentext auf den „großen Abstand" zwischen Sende- und Empfangsort erlaubt es, die ausgesandten Strahlen als parallel und damit das Dreieck S_2FS_1 als rechtwinklig zu betrachten.

2. Messung der Wellenlänge
   - einer Funkwelle: Reflexion an einer metallischen Wand → einlaufende und reflektierte Welle überlagern sich zu einer stehenden Welle → Ausmessen des Abstands d ihrer Knoten (Empfangsminima) → $\lambda = 2d$
   - sichtbaren Lichts: Ausmessen des Interferenzbilds hinter einem Doppelspalt → $\lambda = \frac{g}{\ell} \cdot d_1$ (vgl. Kasten auf der folgenden Seite)

Interferenz am Doppelspalt

Trifft monochromatisches kohärentes Licht der Wellenlänge λ senkrecht auf einen Doppelspalt, beobachtet man auf einem dazu parallelen Schirm im Abstand ℓ zum Doppelspalt ein **Interferenzstreifenmuster**: Mittig ein sehr heller Streifen (Hauptmaximum, Maximum 0. Ordnung), links und rechts davon weitere dazu parallele, helle und dunkle Interferenzstreifen.

Konstruktive Interferenz am Doppelspalt

Bezeichnet g den Abstand der Beugungsspalte und d_k den Abstand der Mitte des k-ten Interferenzstreifens vom Hauptmaximum, gilt für die Lage der Interferenzmaxima ($k \in \mathbb{Z}$):

$$\sin\alpha_k = \frac{k \cdot \lambda}{g} \quad \text{und} \quad \tan\alpha_k = \frac{d_k}{\ell}$$

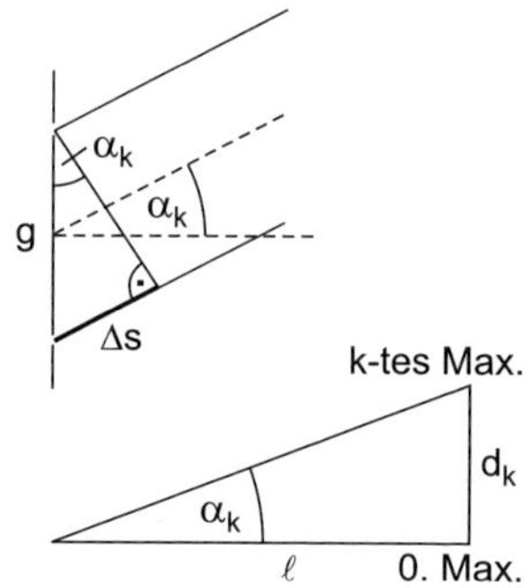

Kleinwinkelnäherung:
Für $\ell \gg d_k$ gilt $\sin\alpha_k \approx \tan\alpha_k \approx \alpha_k$ und damit:

$$d_k = \frac{\ell \cdot \lambda}{g} \cdot k \quad (k \in \mathbb{Z})$$

Benachbarte Streifen besitzen unabhängig von k den konstanten Abstand $\Delta d = \frac{\ell \cdot \lambda}{g}$.

Gelbes Licht einer Natriumdampflampe (589 nm) fällt parallel auf einen Doppelspalt ein und erzeugt auf einem Schirm 4,50 m dahinter ein Interferenzmuster, bei dem die Maxima 1. Ordnung einen Abstand von 24,0 mm haben. Berechnen Sie den Spaltabstand.

Lösung:

$d_1 = 0{,}5 \cdot 24{,}0\,\text{mm} = 12{,}0\,\text{mm}$; Kleinwinkelnäherung ($4{,}5\,\text{m} \gg 12\,\text{mm}$)

$$d_1 = \frac{\ell \cdot \lambda}{g} \cdot 1 \;\Rightarrow\; g = \frac{\ell \cdot \lambda}{d_1} = \frac{4{,}50\,\text{m} \cdot 589 \cdot 10^{-9}\,\text{m}}{0{,}0120\,\text{m}} = 0{,}22\,\text{mm}$$

Interferenz am Gitter

Optisches Beugungsgitter

- große Zahl von gleich breiten, lichtdurchlässigen Spalten, parallel zueinander in gleichen Abständen angeordnet
- Gitterkonstante g: Abstand der Mitten zweier benachbarter Spalte

Intensitätsverteilung hinter einem Beugungsgitter

Werden N Einzelspalte von kohärentem Licht getroffen, gilt für die Intensität des gebeugten Lichts auf dem Schirm:

- Hauptmaxima k-ter Ordnung (Beugungswinkel α_k)
  - Lage unabhängig von N
  - Intensität proportional zu N^2 und abnehmend mit wachsendem k
- $N-1$ Minima und $N-2$ Nebenmaxima zwischen 2 Hauptmaxima

Konstruktive Interferenz für Hauptmaxima am optischen Gitter
Licht der Wellenlänge λ, das senkrecht auf ein Beugungsgitter (Gitterkonstante g) einfällt, erzeugt auf einem Schirm in großem Abstand hinter dem Gitter Hauptmaxima, für deren Lage gilt:

$$\sin\alpha_k = \frac{k \cdot \lambda}{g} \quad (k \in \mathbb{Z})$$

Das komplette Spektrum einer Glühlampe (400 nm bis 700 nm) wird parallel gebündelt und durch ein Gitter mit 100 Spalten pro mm geworfen. Dahinter befindet sich ein Schirm.
Zeigen Sie, dass sich die Spektren 1. und 2. Ordnung auf dem Schirm nicht überlappen, die Spektren 2. und 3. Ordnung dagegen schon.
Würde ein dichteres Gitter eine bessere Trennung bringen?

Lösung:
Betrachtet werden hier nur die Winkel $\alpha_{violett,k}$ und $\alpha_{rot,k}$ der Grenzwellenlängen des Lampenspektrums. $g = 0{,}01$ mm

- $k=1$: $\sin\alpha_{violett,1} = \frac{400 \cdot 10^{-9}\,m}{0{,}01 \cdot 10^{-3}\,m} = 0{,}04$; analog: $\sin\alpha_{rot,1} = 0{,}07$
- $k=2$: $\sin\alpha_{violett,2} = \frac{2 \cdot 400 \cdot 10^{-9}\,m}{0{,}01 \cdot 10^{-3}\,m} = 0{,}08$; analog: $\sin\alpha_{rot,2} = 0{,}14$
- $k=3$: $\sin\alpha_{violett,3} = \frac{3 \cdot 400 \cdot 10^{-9}\,m}{0{,}01 \cdot 10^{-3}\,m} = 0{,}12$

Folgerungen:
- $\sin\alpha_{rot,1} < \sin\alpha_{violett,2}$ → keine Überlappung der Ordnungen 1/2
- $\sin\alpha_{rot,2} > \sin\alpha_{violett,3}$ → Überlappung der Ordnungen 2/3

Dies gilt unabhängig von g: Ein dichteres Gitter trennt nicht besser.

Weitere typische Aufgabenstellungen

1. Spezielle Gitter:
   a) **CD (sichtbares Licht)**
   Gegeben: drei der Größen ℓ, d_1, g, λ
   Gesucht: vierte Größe, z. B.: λ
   Lösung: Ansatz der Beugungsformeln $\sin\alpha_1 = \frac{\lambda}{g}$, $\tan\alpha_1 = \frac{d_1}{\ell}$
   $\Rightarrow \lambda = g \cdot \sin\alpha_1$ mit α_1 aus Tangensformel
   Falls Kleinewinkelnäherung möglich ($\ell \gg d_1$):
   $\sin\alpha_1 = \tan\alpha_1 \Rightarrow \frac{\lambda}{g} = \frac{d_1}{\ell} \Rightarrow \lambda = \frac{g \cdot d_1}{\ell}$

b) **Kristall (Röntgenstrahlung): Bragg-Reflexion**

Gegeben: zwei der Größen α_k (Glanzwinkel), d (Netzebenenabstand des Kristalls), λ

Gesucht: dritte Größe, z. B.: λ

Lösung:

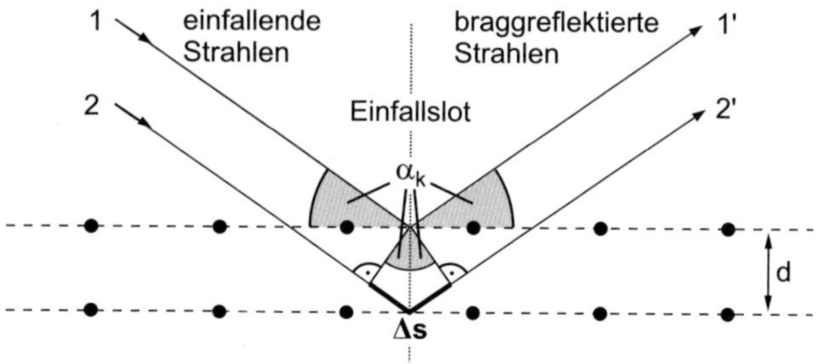

Konstruktive Interferenz k-ter Ordnung:

$$\left.\begin{aligned}\tfrac{1}{2}\Delta s &= d \cdot \sin\alpha_k \\ \Delta s &= k \cdot \lambda\end{aligned}\right\} \Rightarrow 2d \cdot \sin\alpha_k = k \cdot \lambda \quad \textbf{Bragg-Bedingung}$$

Falls α_1 bekannt: $\lambda = 2d \cdot \sin\alpha_1$

2. Erzeugung/Nachweis von IR- bzw. UV-Licht
   - IR: Wärmestrahlung; Nachweis: Thermometer; Wärmebildkamera
   - UV: z. B. aus Hg-Dampflampe; Nachweis: ZnS-Schirm; Fotozelle

Das elektromagnetische Spektrum

Teilbereiche des elektromagnetischen Spektrums

Teilbereich	λ-Bereich	Teilbereich	λ-Bereich
Radiowellen	10 km – 1 m	Ultraviolett	390 nm – 50 nm
Radar	einige cm – 1 mm	Röntgenstrahlung	300 nm – 10^{-13} m
Infrarot (Wärme)	1 mm – 770 nm	Gammastrahlung	10^{-11} m – 10^{-14} m
sichtbares Licht	770 nm – 390 nm	Photonen in der kosmischen Strahlung	< 10^{-13} m

Sichtbarer Bereich des elektromagnetischen Spektrums

Farbe	λ in nm	E_{Photon} in eV	Farbe	λ in nm	E_{Photon} in eV
Violett	390 – 425	3,18 – 2,92	Gelb	555 – 595	2,23 – 2,08
Blau	425 – 485	2,92 – 2,56	Orange	595 – 615	2,08 – 2,02
Grün	485 – 555	2,56 – 2,23	Rot	615 – 770	2,02 – 1,61

7 Eigenschaften von Quantenobjekten

Anwendungsgebiete:

❶ Fotoeffekt: Fotokathode; Gegenfeldmethode
❷ De-Broglie-Wellen: Interferenz von Quantenteilchen (z. B. Elektronen): Streuung am Doppelspalt (Versuch von Jönsson) oder Gitter (Versuch von Davisson und Germer)
❸ Heisenberg'sche Unbestimmtheitsrelation: Grundaussage zur prinzipiellen Messbarkeit von Quantengrößen; Abschätzen der statistischen Streuungen von Messgrößen
❹ Technik: Elektronenmikroskop; Quantencomputer; Kryptografie

7.1 Teilchencharakter von Photonen

Erster Grundversuch zum Fotoeffekt (qualitativ)

Geeignete Beleuchtung löst Elektronen aus einer Metalloberfläche:

- Trifft (UV-reiches) Licht einer Hg-Dampflampe auf eine negativ geladene Zinkplatte, wird diese entladen (Nachweis: Elektroskopausschlag geht zurück). Glühlampenlicht bewirkt keine Entladung.
- Durchdringt das Hg-Licht vorher eine Glasplatte, findet keine Entladung statt.
- Eine positiv geladene Zinkplatte wird nicht entladen.

Zweiter Grundversuch zum Fotoeffekt (quantitativ)

In einer Vakuumfotozelle wird der Strom und die kinetische Energie der durch das Licht ausgelösten Fotoelektronen in Abhängigkeit von der Frequenz und Intensität des verwendeten Lichts gemessen.

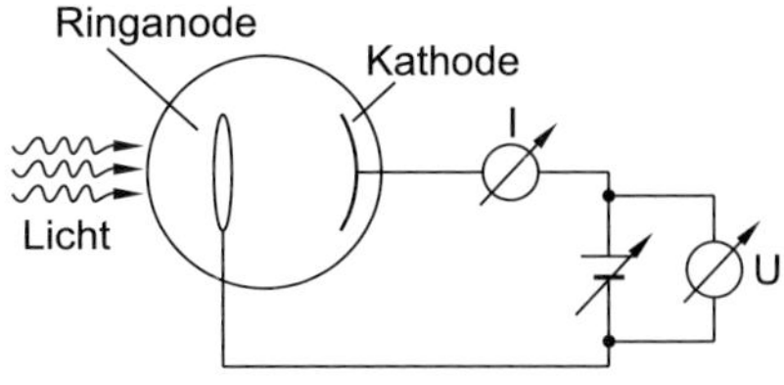

Ergebnis: Die Anzahl der pro Zeiteinheit erzeugten Fotoelektronen ist proportional zur Intensität des einfallenden Lichts. Die weiteren Befunde stehen aber im **Widerspruch zum Wellenmodell des Lichts**:

Empirischer Befund	Vorhersage des Wellenmodells
• Fotoeffekt setzt sofort ein	• Verzögerter Einsatz, da Lichtwelle sich gleichmäßig auf alle Atome der Metalloberfläche verteilt → nötige Austrittsenergie muss erst angehäuft werden
• Kinetische Energie E_{kin} der Fotoelektronen hängt von der Frequenz f des einfallenden Lichts ab, nicht von der Intensität; je höher f, desto größer E_{kin}	• Lichtenergie abhängig von der Intensität (~ Amplitudenquadrat), nicht von der Frequenz der Lichtwelle
• Existenz einer Grenzfrequenz f_G: Licht mit $f < f_G$: kein Fotoeffekt	• keine Grenzfrequenz, weil Energiezuführung unabhängig von der Frequenz

Zur Erklärung des Fotoeffekts entwickelte Einstein eine zum Wellenmodell alternative Modellvorstellung des Lichts.

Fotoeffekt: Theoretische Erklärung mit dem Photonenmodell

- Licht lässt sich als Strom von **Photonen** deuten, die sich mit Lichtgeschwindigkeit bewegen, unteilbar sind und nur als Ganzes erzeugt oder absorbiert werden können.
- Die Energie E_{Ph} eines Photon ist direkt proportional zur Lichtfrequenz f, die Proportionalitätskonstante ist das **Planck'sche Wirkungsquantum h** (kurz: Planck-Konstante):
  $\mathbf{E_{Ph} = h \cdot f}$
- Trifft ein Photon auf ein Metall, kann es ein Elektron aus dem Metallverbund herauslösen (Austrittsarbeit W_A), wenn $E_{Ph} > W_A$; die Restenergie bildet die kinetische Energie des Fotoelektrons:
  $\mathbf{E_{kin} = h \cdot f - W_A}$ **(Einstein-Gleichung)**

f-E_{kin}-Diagramm: Gerade

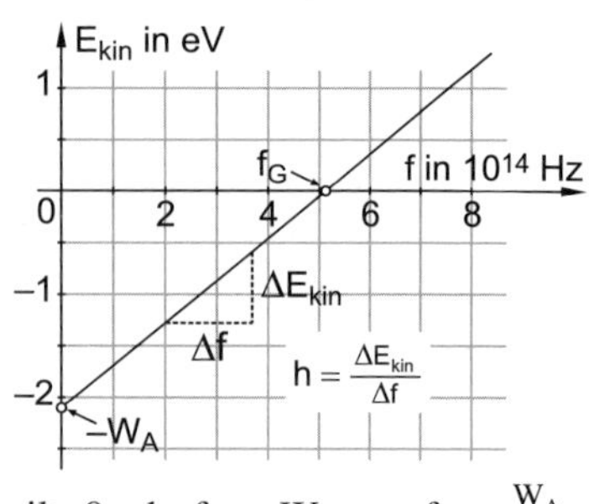

- Typische grafische Darstellung zum Fotoeffekt
- Ablesen der Kenngrößen
  - Grenzfrequenz f_G: Schnittpunkt mit der f-Achse
  - Austrittsarbeit W_A: Schnittpunkt mit der E_{kin}-Achse
  - Planck-Konstante h: Steigung
- f_G bzw. W_A metallspezifisch. Es gilt: $0 = h \cdot f_G - W_A \Rightarrow f_G = \frac{W_A}{h}$

Photonen haben zwar keine Ruhemasse, aber eine relativistische Masse $m_{Ph} = m(c)$ und wegen $E = m \cdot c^2$ den relativistischen Impuls
$p_{Ph} = m_{Ph} \cdot c = \frac{E_{Ph}}{c^2} \cdot c = \frac{E_{Ph}}{c} = \frac{h \cdot f}{c} = \frac{h}{\lambda}$.

Impuls des Photons
Ein Photon der Wellenlänge λ besitzt den Impuls
$\mathbf{p = \frac{h}{\lambda}}$.

1. Erläutern Sie eine Anordnung zur Bestimmung der maximalen kinetischen Energie von Fotoelektronen in Abhängigkeit von der verwendeten Lichtfrequenz mithilfe einer Vakuumfotozelle.

   Lösung: Gefragt ist nach der **Gegenfeldmethode**.
   Wesentliche Punkte:
   - Versuchsaufbau: siehe Skizze zum zweiten Grundversuch (S. 43)
   - Licht einer bestimmten Frequenz fällt auf die Kathode der Vakuumfotozelle und löst dort Fotoelektronen aus
   - Fotoelektronen fliegen in Richtung der ringförmigen Anode und treffen diese teilweise → Kathode wird positiv geladen (Elektronenmangel), Ringanode negativ; es fließt ein Strom durch das Amperemeter zwischen Anode und Kathode.
   - Anlegen einer regelbaren Gegenspannung: Einstellung der Spannung U so, dass gerade kein Strom mehr fließt → Die Energie $e \cdot U$ ist der gesuchte Wert für $E_{kin,\,max}$.
   - Variation der Lichtfrequenz f → Messreihe von $(f\,|\,E_{kin,\,max})$-Paaren → f-$E_{kin,\,max}$-Diagramm (Gerade)

2. Ein ideal reflektierender Spiegel ($m = 2{,}00 \cdot 10^{-5}$ kg) hängt an einem dünnen Faden (Länge $\ell = 1{,}00$ m) und wird mit einem Lichtblitz bestrahlt (Energie 1,00 J, Wellenlänge 693 nm). Bestätigen Sie, dass der Spiegel seitlich um die Strecke $s = 0{,}11$ mm ausgelenkt wird (Höhenunterschied $h \ll s$).

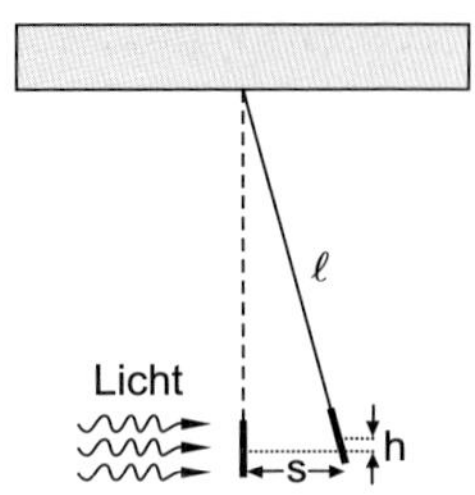

Lösung: Hier geht es um den **Nachweis des Photonenimpulses**.
Energie eines einzelnen Photons:

$$E_{Ph} = h \cdot f = h \cdot \frac{c}{\lambda} = 6{,}63 \cdot 10^{-34}\,\text{Js} \cdot \frac{3{,}00 \cdot 10^{8}\,\frac{\text{m}}{\text{s}}}{693 \cdot 10^{-9}\,\text{m}} = 2{,}87 \cdot 10^{-19}\,\text{J}$$

Anzahl der Photonen im Blitz:

$$n = \frac{E_{ges}}{E_{Ph}} = \frac{1{,}00\,\text{J}}{2{,}87 \cdot 10^{-19}\,\text{J}} = 3{,}50 \cdot 10^{18}$$

Gesamtimpuls der Photonen:

$$p_{ges} = n \cdot p_{Ph} = n \cdot \frac{h}{\lambda} = 3{,}50 \cdot 10^{18} \cdot \frac{6{,}63 \cdot 10^{-34}\,\text{Js}}{693 \cdot 10^{-9}\,\text{m}} = 3{,}33 \cdot 10^{-9}\,\text{Ns}$$

Impulsübertrag auf den Spiegel (Reflexion):

$$p_{Spiegel} = 2p_{ges} = 2 \cdot 3{,}33 \cdot 10^{-9}\,\text{Ns} = 6{,}67 \cdot 10^{-9}\,\text{Ns}$$

Hubhöhe h aus der Energiebilanz für den Spiegel:

$$E_{pot} = E_{kin} \;\Leftrightarrow\; m \cdot g \cdot h = \frac{1}{2} m \cdot v^2 \;\Rightarrow\; g \cdot h = \frac{1}{2} \cdot \left(\frac{p_{Spiegel}}{m}\right)^2$$

$$\Rightarrow\; h = \frac{p_{Spiegel}^2}{2g \cdot m^2} = \frac{(6{,}66 \cdot 10^{-9}\,\text{Ns})^2}{2 \cdot 9{,}81\,\frac{\text{m}}{\text{s}^2} \cdot (2{,}0 \cdot 10^{-5}\,\text{kg})^2}$$

$$= 5{,}7 \cdot 10^{-9}\,\text{m}$$

Auslenkung s mithilfe des Satzes von Pythagoras (vgl. Skizze):

$$\ell^2 = (\ell - h)^2 + s^2 \;\Rightarrow\; \ell^2 = \ell^2 - 2\ell \cdot h + h^2 + s^2 \;\overset{h \ll s}{\Rightarrow}\; 0 \approx -2\ell \cdot h + s^2$$

$$\Rightarrow\; s = \sqrt{2\ell \cdot h} = \sqrt{2 \cdot 1{,}0\,\text{m} \cdot 5{,}7 \cdot 10^{-9}\,\text{m}} = 0{,}11\,\text{mm}$$

Weitere typische Aufgabenstellungen

1. Verwenden der Einstein-Gleichung
   Gegeben: Licht verschiedener Wellenlängen; W_A
   Gesucht: Begründung, ob Fotoeffekt eintritt
   Lösung: Berechnung von $f_G = \frac{W_A}{h}$ → Fotoeffekt, wenn $f > f_G$
2. Zeichnen und Auswerten des f-E_{kin}-Graphen
   Gegeben: Messwerttabelle (f oder λ, E_{kin})
   Gesucht: Bestimmung von h, f_G, W_A (auch: Kathodenmaterial)
   Lösung: siehe Erläuterung zum f-E_{kin}-Diagramm auf S. 44
   Das Kathodenmaterial ist durch die Austrittsarbeit W_A festgelegt, es lässt sich anhand einer entsprechenden Tabelle (gegeben oder aus Formelsammlung) bestimmen.

7.2 Wellencharakter von Quantenobjekten

Quantenobjekte – im klassischen Sinne also kleine „Teilchen" wie Elektronen – zeigen unter bestimmten Voraussetzungen typische Welleneigenschaften. Die Brücke zwischen Teilchen- und Wellenbild liefert die Modellvorstellung de Broglies, die den Teilchenimpuls mit einer Wellenlänge verknüpft.

De-Broglie-Wellenlänge
Einem Teilchen mit dem Impuls $p = m \cdot v$ (m: Masse; v: Geschwindigkeit) lässt sich die Wellenlänge

$$\lambda = \frac{h}{p} \quad \text{bzw.} \quad \lambda = \frac{h}{m \cdot v}$$

zuordnen.

Berechnen Sie die Wellenlänge von ursprünglich als ruhend angenommenen Elektronen, die die Beschleunigungsspannung U durchlaufen haben (U genügend klein, sodass nichtrelativistische Rechnung ausreichend).

Lösung:
Energiebilanz:

$$E_{beschl} = E_{kin} \Leftrightarrow e \cdot U = \frac{1}{2} m \cdot v^2 = \frac{m^2 \cdot v^2}{2m} = \frac{p^2}{2m} \Rightarrow p = \sqrt{2m \cdot e \cdot U}$$

$$\Rightarrow \lambda = \frac{h}{p} = \frac{h}{\sqrt{2m \cdot e \cdot U}}$$

Das Wellenverhalten von materiellen Teilchen tritt in den aus der Optik bekannten **Interferenzexperimenten** bei geeigneter Geometrie der Versuchsanordnung zutage. Typisch sind:

- Doppelspaltexperiment (Versuch von Jönsson: Elektroneninterferenz; Analogie: Interferenz von sichtbarem Licht, vgl. Kap. 6.2, S. 39 f.)
- Streuung am Einkristall (Experiment von Davisson und Germer: Elektroneninterferenz; Analogie: Röntgenstreuung am Einkristall, vgl. Kap. 6.2, S. 42)

Das Fulleren C-60 ist ein hochsymmetrisches Kohlenstoffmolekül aus 60 Atomen (Durchmesser ca. 0,7 nm), das aufgrund seiner Struktur auch „Fußballmolekül" genannt wird. Solche Fullerene werden auf etwa 200 $\frac{m}{s}$ beschleunigt und fliegen auf ein Gitter mit Gitterkonstante g. Mit einem Detektor 1,1 m hinter dem Gitter sind die Maxima erster Ordnung etwa 30 µm seitlich vom Hauptmaximum deutlich zu erkennen. Bestimmen Sie g.

Lösung:

Beugungsbedingung für Maximum 1. Ordnung (vgl. Kap. 6.2, S. 41):

$$\sin\alpha_1 = \frac{\lambda}{g} \qquad (*)$$

Kleine-Winkel-Näherung (wegen 30 µm ≪ 1,1 m):

$$\sin\alpha_1 \approx \tan\alpha_1 = \frac{30 \cdot 10^{-6}\,\text{m}}{1{,}1\,\text{m}} = 2{,}7 \cdot 10^{-5} \overset{(*)}{\Rightarrow} g = \frac{\lambda}{2{,}7 \cdot 10^{-5}} \qquad (**)$$

De-Broglie-Wellenlänge:

$$m_{C\text{-}60} = 60 \cdot m_C = 60 \cdot 12\,\text{u} = 60 \cdot 12 \cdot 1{,}66 \cdot 10^{-27}\,\text{kg} = 1{,}2 \cdot 10^{-24}\,\text{kg}$$

$$\Rightarrow \quad \lambda = \frac{h}{m \cdot v} = \frac{6{,}63 \cdot 10^{-34}\,\text{Js}}{1{,}2 \cdot 10^{-24}\,\text{kg} \cdot 200\,\frac{m}{s}} = 2{,}8 \cdot 10^{-12}\,\text{m} = 2{,}8\,\text{pm} \qquad (***)$$

Gitterkonstante:

$$g \overset{(**)}{=} \frac{\lambda}{2{,}7 \cdot 10^{-5}} \overset{(***)}{=} \frac{2{,}8 \cdot 10^{-12}\,\text{m}}{2{,}7 \cdot 10^{-5}} = 1{,}0 \cdot 10^{-7}\,\text{m} = 0{,}1\,\mu\text{m}$$

7.3 Verhalten von Quantenobjekten

Die **Quantenmechanik** wurde in den 1920er-Jahren in zwei äquivalenten Formulierungen von Heisenberg (Matrizenmechanik, 1925) und Schrödinger (Wellenmechanik, 1926) entwickelt. In der Beschreibung von physikalischen Objekten unterscheidet sie sich grundsätzlich von der klassischen Mechanik. Ihre wesentlichen Aussagen sind (in wellenmechanischer Formulierung):

- Der Ausgang eines Experiments im Bereich von Quantenobjekten ist vom Zufall bestimmt.
- Die Quantenmechanik beschreibt nicht wie die klassische Physik das deterministische Verhalten eines einzelnen Teilchens, sondern das statistische Verhalten einer Gesamtheit von Objekten.

- Eine Gesamtheit quantenphysikalischer Objekte wird durch eine Wellenfunktion $\Psi(x, t)$ beschrieben. Die Wellenfunktion dient zur Beschreibung von Wahrscheinlichkeiten, hat aber keine anschauliche Bedeutung.
- Das Quadrat des Betrags der Wellenfunktion $|\Psi(x,t)|^2$ stellt eine Wahrscheinlichkeitsdichte dar. Der Ausdruck $|\Psi(x,t)|^2 \cdot \Delta x$ beschreibt die Wahrscheinlichkeit, zum Zeitpunkt t ein Quantenobjekt aus dem Ensemble in einem Bereich Δx um den Ort x herum zu finden (Aufenthaltswahrscheinlichkeit).

Eine zentrale Gesetzmäßigkeit der Quantenmechanik sind die Heisenberg'schen Unbestimmtheitsrelationen zwischen zwei sogenannten komplementären Messgrößen wie z. B. Ort und Impuls.

Heisenberg'sche Unbestimmtheitsrelation für Ort und Impuls
Der Ort x und der Impuls p eines Quantenobjekts zu einem bestimmten Zeitpunkt lassen sich nicht beliebig genau, sondern nur mit den Ungenauigkeiten Δx bzw. Δp angeben. Diese sind über eine Ungleichung mit der Planck-Konstanten h verknüpft:

$$\Delta x \cdot \Delta p \geq \frac{h}{4\pi}$$

Folgerungen:

- **Gegensätzliches Verhalten von Ort und Impuls:** Je genauer die Ortskenntnis eines Quantenobjekts ist, desto ungenauer muss der Impuls angegeben werden, und umgekehrt.
- **Kein Bahnbegriff:** Wenn Ort und Impuls eines Quantenobjekts prinzipiell nicht gleichzeitig exakt angegeben werden können, ist der klassische Begriff der „Bahn eines Teilchens“ in der Quantenmechanik nicht mehr haltbar.
- **Kein Determinismus:** Ein klassisches Teilchen bewegt sich deterministisch, d. h.: Bei Kenntnis des Anfangszustands und der Bewegungsgleichung des Teilchens (2. Newton'sches Gesetz) kann der Zustand für alle folgenden Zeiten berechnet werden (vgl. Himmelsmechanik). Klassisch ist der Anfangszustand durch die Angabe von Ort $x(t_0)$ und Geschwindigkeit $v(t_0) = \frac{1}{m} \cdot p(t_0)$ zum Startzeitpunkt t_0 gegeben. Eine entsprechende quantenmechanische Angabe ist nach der Heisenberg'schen Unbestimmtheitsrelation nicht möglich.

1. Elektronen fallen in paralleler Richtung mit der Geschwindigkeit v = 0,41 c auf einen Spalt mit der Breite Δx = 0,40 μm. Im Abstand d = 40 cm hinter dem Spalt steht der Detektorschirm. Berechnen Sie die minimale Breite b des Strahls auf dem Schirm.

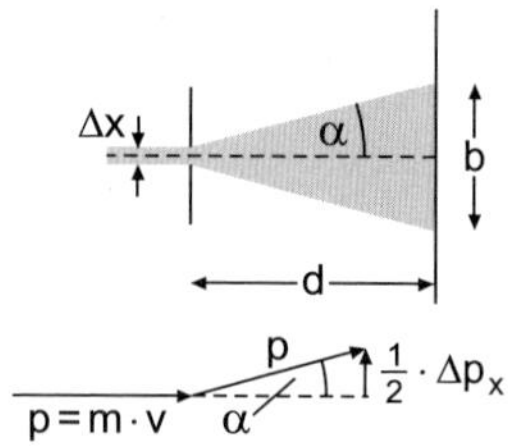

Lösung:
Relativistischer Impuls in Einfallsrichtung (y-Richtung):

$$p = m(v)\cdot v = \frac{m_0}{\sqrt{1-\frac{v^2}{c^2}}}\cdot v = \frac{9{,}1\cdot 10^{-31}\,\text{kg}}{\sqrt{1-0{,}41^2}}\cdot 0{,}41\,c = 1{,}2\cdot 10^{-22}\,\text{Ns}$$

Minimale Impulsunschärfe quer zur Einfallsrichtung (x-Richtung):

$$\Delta p_x = \frac{h}{4\pi\cdot\Delta x} = \frac{6{,}63\cdot 10^{-34}\,\text{Js}}{4\pi\cdot 0{,}40\cdot 10^{-6}\,\text{m}} = 1{,}3\cdot 10^{-28}\,\text{Ns}$$

Minimale Strahlbreite aus Beziehungen für den Beugungswinkel α:

$$\left.\begin{aligned} \sin\alpha &= \frac{\frac{\Delta p_x}{2}}{p} = \frac{\Delta p_x}{2p} \\ \tan\alpha &= \frac{\frac{b}{2}}{d} = \frac{b}{2d} \end{aligned}\right\} \begin{aligned} &\Rightarrow \sin\alpha \approx \tan\alpha \Rightarrow \frac{\Delta p_x}{2p} = \frac{b}{2d} \Rightarrow b = \frac{\Delta p_x}{p}\cdot d \\ &\Rightarrow \quad b = \frac{1{,}3\cdot 10^{-28}\,\text{Ns}}{1{,}2\cdot 10^{-22}\,\text{Ns}}\cdot 0{,}40\,\text{m} = 0{,}43\,\mu\text{m} \end{aligned}$$

2. Ein Fußballer schießt den 400 g schweren Ball durch die 1,0 m breite Lücke in der „Abwehrmauer“ mit $v = 35\,\frac{\text{m}}{\text{s}}$ auf das Tor und trifft. Der Torhüter behauptet, er habe den Impuls und damit die Flugrichtung nicht exakt genug abschätzen können und den Ball deswegen „unschärfebedingt“ nicht halten können. Berechnen Sie die Impulsunschärfe in diesem Fall und beurteilen Sie die Ausrede des Torhüters.

Lösung: Heisenberg'sche Unbestimmtheitsrelation mit Δx = 1,0 m; Impuls in Einfallsrichtung:

$$p = m\cdot v = 0{,}400\,\text{kg}\cdot 35\,\frac{\text{m}}{\text{s}} = 14\,\text{Ns}$$

Minimale relative Impulsunschärfe quer zur Einfallsrichtung:

$$\Delta p_x = \frac{h}{4\pi\cdot\Delta x} = \frac{6{,}6\cdot 10^{-34}\,\text{Js}}{4\pi\cdot 1{,}0\,\text{m}} = 5\cdot 10^{-35}\,\text{Ns} \Rightarrow \frac{\Delta p_x}{p} = \frac{5\cdot 10^{-35}}{14} = 4\cdot 10^{-36}$$

Die Impulsunschärfe und die damit verbundene Ablenkung ist praktisch null und damit die Ausrede des Torwarts schlecht.

8 Ein Atommodell der Quantenphysik

Anwendungsgebiete:
❶ Franck-Hertz-Versuch
❷ Resonanzfluoreszenz und -absorption
❸ Auswertung von Röntgenemissionsspektren
❹ Laser
❺ Technik: bildgebende Verfahren (Medizin); Materialwissenschaft

8.1 Linienspektren

Atome können durch Stöße mit Photonen, Elektronen oder Atomen angeregt werden. Dabei gilt:

- Eine Anregung mit **Photonen** ist nur möglich, wenn die Photonenenergie exakt einer charakteristischen Anregungsenergie ΔE des Atoms entspricht.
- Eine Anregung mit **Teilchen** (Elektronen, Atomen) ist auch möglich, wenn die kinetische Energie des stoßenden Teilchens größer als ΔE ist. Der Überschuss verbleibt dem stoßenden Teilchen als kinetische Energie.
- Bei Bestrahlung eines Atoms mit Licht aus einem kontinuierlichen Spektralbereich (Schwarzkörperstrahlung) werden die für dieses Atom charakteristischen Energien absorbiert. Man erhält das **Absorptionsspektrum** des Atoms.
- Ein angeregtes Atom verharrt kurz im angeregten Zustand und kehrt dann unter Abgabe eines Photons der Energie $\Delta E = h \cdot f$ (vgl. Photonenmodell, Kap. 7.1, S. 44) in den Ausgangszustand zurück. Die Gesamtheit des emittierten Lichts bildet das **Emissionsspektrum** des Atoms.
- Absorptions- und Emissionsspektren sind **Linienspektren**: Die Frequenz-/Energieverteilung der absorbierten bzw. emittierten Photonen ist diskret. Trägt man die Intensität des Lichts gegen die Frequenz auf, erscheinen diese Photonen als Peaks (Emissionsspektrum) bzw. als schwarze Linien (Absorptionsspektrum, z. B. Fraunhoferlinien).

Linienspektren spiegeln die diskret verteilten Energiezustände der Atomhülle wider. Diese lassen sich aus den experimentell ermittelten Spektren (Messung von f bzw. λ) aus den Differenzen

$$\Delta E_{mn} = E_m - E_n = h \cdot f_{mn} = h \cdot \frac{c}{\lambda_{mn}} \quad \text{mit} \quad m, n = 1, 2, 3, \ldots \text{ und } m > n$$

der Energiezustände berechnen. Speziell für das **Wasserstoffatom** gilt für die Wellenlängen eine empirisch gefundene **Serienformel**:

$$\frac{1}{\lambda_{mn}} = R \cdot \left(\frac{1}{n^2} - \frac{1}{m^2}\right) \quad \text{mit} \quad m, n = 1, 2, 3, \ldots \text{ und } m > n; \; R = \text{konst.}$$

Legt man den Energienullpunkt ins Unendliche, $E_m = 0$ für $m \to \infty$, erhält man die Energieniveaus der **gebundenen** Zustände des H-Atoms:

Energieniveauschema des Wasserstoffatoms

Vereinbarung: Das Wasserstoffatom hat die Energie null, wenn sein Elektron gerade nicht mehr gebunden ist und in unendlicher Entfernung ruht. Dann gilt für die Energieniveaus des Wasserstoffatoms:

$$\mathbf{E_n = -R \cdot h \cdot c \cdot \frac{1}{n^2}, \quad n = 1, 2, 3, \ldots}$$

$R = 1{,}097 \cdot 10^7 \frac{1}{m}$: Rydberg-Konstante

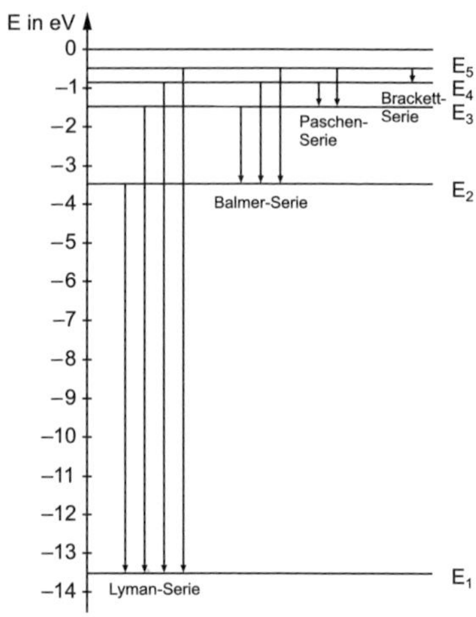

Die grafische Auftragung der Energiezustände heißt **Energieniveauschema**. Man erkennt:

- Je größer n, desto dichter liegen benachbarte Zustände.
- Emissionslinien, die zu einem festen „Zielniveau" n gehören, lassen sich zu **Spektralserien** zusammenfassen (z. B. Lyman-Serie für $m \to n = 1$).
- Den Zustand $n = 1$ nennt man **Grundzustand** des Atoms.
- Die Mindestenergie, die zur Abtrennung eines Elektron im Atomgrundzustand nötig ist (Übergang $1 \to \infty$), heißt **Ionisierungsenergie**. Für das Wasserstoffatom beträgt sie $E_{ion} = -E_1 = 13{,}6$ eV.

8.2 Eindimensionaler Potenzialtopf – Orbitalmodell

Ziel eines Atommodells: Theoretische Begründung zentraler Atomeigenschaften, speziell der diskret verteilten Energiezustände

Wellenmechanik Schrödingers (vgl. Kap. 7.3, S. 48 f.):

- Der Zustand des Elektrons im Atom wird durch seine Wellenfunktion $\Psi(\vec{r}, t)$ am Ort $\vec{r}$ zur Zeit t beschrieben.
- Einfachster Fall: Betrachtung eindimensionaler und stationärer Zustände $\psi(x)$, d. h., das Teilchen bewegt sich längs einer Geraden und besitzt zeitunabhängige Zustände mit jeweils konstanter Energie. Dann ist die Zustandsfunktion $\psi(x)$ eine Lösung der **eindimensionalen stationären Schrödinger-Gleichung**:

$$-\frac{h^2}{8\pi^2 \cdot m} \cdot \psi''(x) + E_{pot}(x) \cdot \psi(x) = E_{ges} \cdot \psi(x)$$

Einfachstes Potenzialmodell: Eindimensionaler Potenzialtopf der Breite L mit unendlich hohen Wänden

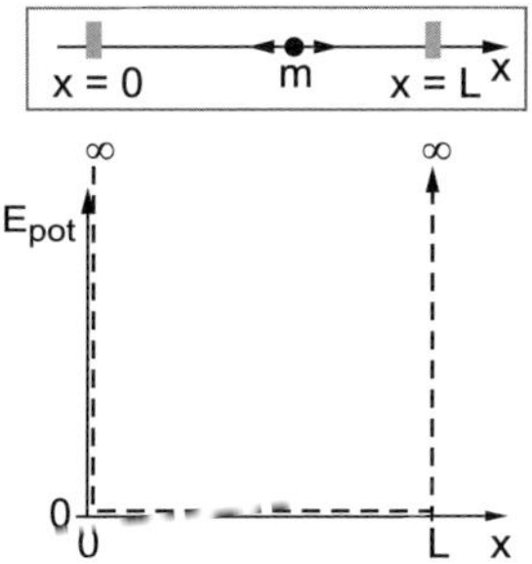

- Das Teilchen
  - bewegt sich im Topfinneren kräftefrei ($E_{pot}(x) = 0$ für $x \in]0; L[$);
  - wird an den Wänden reflektiert ($E_{pot}(0) = E_{pot}(L) = „\infty“$).
- Lösungen der Schrödinger-Gleichung:
  $\psi_n(x) = A \cdot \sin(k_n \cdot x)$
  mit $A = \sqrt{\frac{2}{L}}$, $k_n = \frac{n \cdot \pi}{L}$ und $n = 1, 2, \ldots$
- Interpretation der Zustandsfunktionen $\psi_n(x)$:
  - Sie beschreiben **stehende Wellen** mit Knoten (Nullstellen) und Bäuchen (Maxima) → Die Teilchenaufenthaltswahrscheinlichkeit $|\psi_n(x)|^2\,dx$ ist null an den Knoten und maximal an den Bäuchen.
  - Die Zahl der Knoten und Bäuche nimmt mit wachsendem n zu.
  - Einsetzen der $\psi_n(x)$ in die Schrödinger-Gleichung liefert für die zugehörigen **Energien** diskret verteilte Werte (n: Quantenzahl):
    $$E_{ges} = \frac{h^2 \cdot n^2}{8m \cdot L^2} = E_n;\ n = 1, 2, \ldots$$
  - Der Grundzustand $n = 1$ besitzt die von null verschiedene Energie $E_1 = \frac{h^2}{8m \cdot L^2}$, die sogenannte **Nullpunktsenergie**.

Das stark vereinfachte Modell des eindimensionalen Potenzialtopfs beschreibt die Quantensprünge zwar prinzipiell richtig; die Abhängigkeit der Energie von der Quantenzahl ($E_n \sim n^2$) stimmt aber nicht mit dem experimentell bestimmten Zusammenhang für das Wasserstoffatom ($E_n \sim \frac{1}{n^2}$) überein. Grund: Potenzialverläufe unterscheiden sich zu stark (Kastenpotenzial ↔ Coulomb-Potenzial).

Verbessertes Potenzialmodell: Eindimensionaler Potenzialtopf der Breite L mit endlich hohen und endlich dicken Wänden

Merkmale:

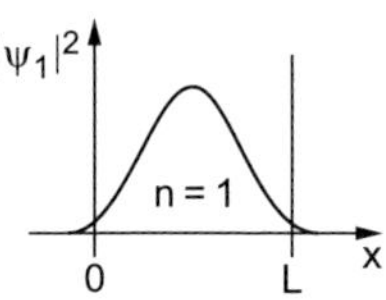

- Die Form der für den unendlich hohen Potenzialtopf gleicher Breite gefundenen Zustandsfunktionen ändert sich im Wesentlichen nicht.
- Teilchen, deren Gesamtenergie über der Topfkante des Potenzialtopfs liegt, können sich im gesamten Ortsbereich bewegen – man spricht von **freien** Teilchen.
- **Gebundene** Teilchen haben eine Gesamtenergie, die geringer ist als die potenzielle Energie an der Kante, sie könnten daher als klassische Teilchen den Topf nicht verlassen. Aber: Die quantenmechanischen Zustandsfunktionen besitzen keine Knoten an den Wänden, d. h. die Aufenthaltswahrscheinlichkeit ist dort nicht null.
  → Das Quantenteilchen kann in die Wand eindringen bzw. (bei genügend „dünner" Wand) den Topf verlassen.
  → **Tunneleffekt** (z. B. α-Zerfall, vgl. Kap. 10.1, S. 66)

1. Benzaurin ist ein organischer Farbstoff. In einem Benzaurinmolekül bewegen sich 12 Elektronen praktisch frei entlang einer Kohlenwasserstoffkette, ohne das Molekül zu verlassen. Ihr Verhalten kann näherungsweise durch das Modell des eindimensionalen Potenzialtopfs der Breite L = 1,48 nm beschrieben werden. Im Grundzustand sind die tiefsten Energieniveaus mit je 2 Elektronen besetzt. Bestimmen Sie die Farbe des beim Übergang vom Grundzustand in den ersten angeregten Zustand absorbierten Lichts.

   Lösung: 12 Elektronen besetzen im Grundzustand die unteren 6 Energieniveaus, es geht also um den Übergang zwischen 6. und 7. Niveau.

Die Energiedifferenz hierfür ist

$$\Delta E_{76} = \frac{7^2 \cdot h^2}{8m \cdot L^2} - \frac{6^2 \cdot h^2}{8m \cdot L^2} = \frac{13h^2}{8m \cdot L^2},$$

das entspricht der Wellenlänge

$$\lambda_{76} = \frac{h \cdot c}{E_{76}} = \frac{h \cdot c \cdot 8m \cdot L^2}{13h^2} = \frac{8m \cdot c \cdot L^2}{13h}$$

$$= \frac{8 \cdot 9{,}11 \cdot 10^{-31}\,\text{kg} \cdot 3{,}00 \cdot 10^8\,\frac{\text{m}}{\text{s}} \cdot (1{,}48 \cdot 10^{-9}\,\text{m})^2}{13 \cdot 6{,}63 \cdot 10^{-34}\,\text{Js}} = 556\,\text{nm}$$

Das Molekül absorbiert grünes Licht.

2. Bewerten Sie die Abhängigkeit der Nullpunktsenergie von der Breite L des Potenzialtopfes. Stellen Sie einen Zusammenhang zur Heisenberg'schen Unbestimmtheitsrelation her.

   Lösung: Die Nullpunktsenergie (n = 1) beträgt $E_1 = \frac{h^2}{8m \cdot L^2}$, d. h.: Je kleiner die Topfbreite ist – je präziser das Teilchen also lokalisiert wird –, desto größer wird die Energie und damit der Impuls des Teilchens im Grundzustand, im Einklang mit Heisenberg.

Elektron im Coulombpotenzial – Orbitalmodell des H-Atoms

Eigenschaften:

- Coulombpotenzial dreidimensional, radialsymmetrisch: $E_{pot} \sim \frac{1}{r}$
- Beschreibung der Wellenfunktionen in Kugelkoordinaten (r, ϑ, φ): Produkt aus einer radialen Funktion und einer winkelabhängigen Funktion, $\psi_{n\ell m}(x, y, z) = R_{n\ell}(r) \cdot Y_{\ell m}(\vartheta, \varphi)$
- Drei Quantenzahlen:
  - Hauptquantenzahl n = 1, 2, 3, …
  - Neben- oder Drehimpulsquantenzahl $\ell = 0, 1, \ldots, n-1$
    Übliche Bezeichnungsweise mit Kleinbuchstaben:
    s ($\ell = 0$); p ($\ell = 1$); d ($\ell = 2$); f($\ell = 3$)
  - magnetische Quantenzahl $m = -\ell, \ldots, +\ell$
- Aufenthaltswahrscheinlichkeiten sind gegeben durch Orbitale, die durch das Quantenzahlentripel ($n\ell m$) festgelegt sind, z. B.: ein 1s-Orbital (100); drei 2p-Orbitale (21–1; 210; 211)
- Knotenflächen:
  - Nullstellen der Zustandsfunktionen
  - kugelförmig, kegelförmig oder eben
  - Anzahl wächst mit zunehmenden Quantenzahlen

Weitere typische Aufgabenstellungen

1. Bewertung von Wellenfunktionen im Potenzialtopf der Breite L
   Gegeben: verschiedene Funktionen/Funktionsgraphen
   Gesucht: Liegt Wellenfunktion vor? Diskussion der Eigenschaften

   Lösung: Eigenschaften von Wellenfunktionen $\psi_n(x)$
   - Unendlich hohe Wände: $\psi_n(0)=\psi_n(L)=0$ für alle n
   - Endlich hohe Wände: Endliche Werte von $\psi_n(0)$, $\psi_n(L)$
   - Die Zustandsenergie E_n ist umso größer, je
     - kleiner die Wellenlänge λ_n ist;
     - größer die Anzahl der Knoten bzw. der Bäuche ist.
   - Aufenthaltswahrscheinlichkeit: 0 (Knoten), maximal an Bäuchen
2. Bewertung von Wellenfunktionen/Orbitalen im H-Atom
   Gegeben: grafische Darstellung von Orbitalen (Dichteverteilungen)
   Gesucht: Zuordnung von Quantenzahlen oder Energiezuständen

   Lösung: Bewertung anhand der Zahl/Form der Knotenflächen
3. Quantisierung im Potenzialtopf
   Gegeben: eindimensionaler Potenzialtopf (Breite L, unendlich hoch)
   Gesucht: qualitative Begründung der Quantisierung der Energie

   Lösung: Modell „stehende Wellen" und Berücksichtigung der Randbedingungen $\psi(0)=\psi(L)=0$

8.3 Mehrelektronensysteme

- Mehrelektronensystem: Atom mit mindestens 2 Hüllelektronen
- Beschreibung durch 4 Quantenzahlen: n, ℓ, m und die Spinquantenzahl s (kann nur die Werte $+\frac{1}{2}$ und $-\frac{1}{2}$ annehmen)
- Jedes durch $(n\ell m)$ definierte Orbital kann mit maximal zwei Elektronen besetzt werden → Pauli-Prinzip

Pauli-Prinzip (Ausschließungsprinzip)
In einem Atom dürfen keine zwei Hüllelektronen in allen vier Quantenzahlen übereinstimmen.

Folgerung: Die maximale Zahl z der Elektronen, die alle Zustände zur gleichen Hauptquantenzahl n besetzen können, beträgt $z=2n^2$.

Aufbau des Periodensystems der Elemente:

- Ordnungsprinzip Kernladungszahl Z: Atomorbitale ($n\ell m$) werden von „links oben" nach „rechts unten" unter Berücksichtigung des Pauli-Prinzips aufgefüllt (Z und damit Zahl der Hüllelektronen steigt an).
- Periode → „Elektronenschale" zur Hauptquantenzahl n
→ $2n^2$ Elektronen in n-ter Periode
- Gruppe → gleicher Besetzungsgrad bestimmter Schalen;
Hauptgruppe: äußerste Schale (Valenzelektronen)
Nebengruppen: innere Schalen
→ Zahl der Valenzelektronen bestimmt Chemie (Elemente einer Gruppe verhalten sich chemisch ähnlich)

8.4 Röntgenstrahlung

Erzeugung von Röntgenstrahlung:

- Evakuierter Hartglaszylinder mit Glühkathode und einer massiven Anode (Antikathode)
- Durch Glühemission werden Elektronen freigesetzt und durch die Hochspannung U_B (≈10 kV bis 1 MV) beschleunigt.
- Aufprall der Elektronen auf die Anode → Röntgenstrahlen
- Kühlung der Anode erforderlich, da ein Großteil der kinetischen Energie der Glühelektronen nicht in Röntgenstrahlung, sondern in Wärme verwandelt wird.

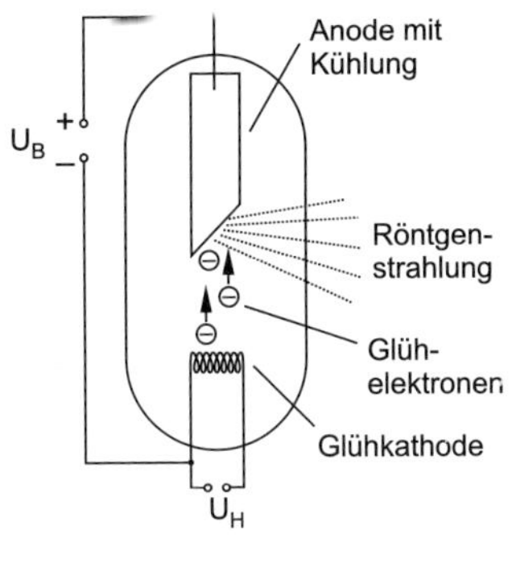

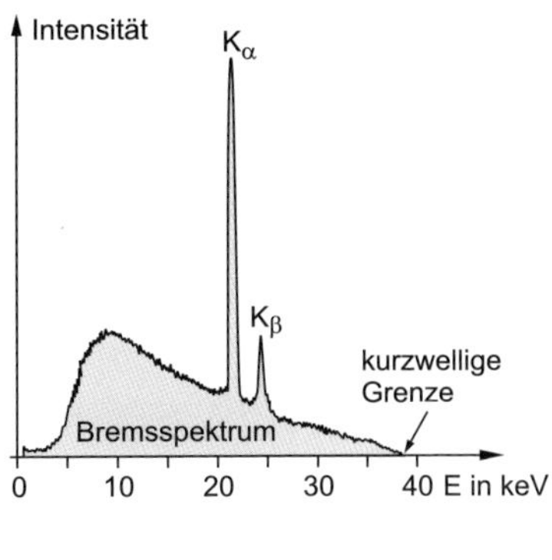

Röntgenemissionsspektrum

- **Kontinuierliches Spektrum:**
  - Bremsspektrum, das durch Abbremsen der Glühelektronen beim Auftreffen auf die Anode entsteht
  - Die kurzwellige Grenze des Spektrums ist durch die maximale Elektronenenergie und damit durch die Größe der Beschleunigungsspannung bestimmt.
- **Linienspektrum:**
  - dem Bremsspektrum überlagert; entsteht durch Anregung der Atome des Anodenmaterials
  - charakteristisch für das Anodenmaterial

Das Linienspektrum weist zwei typische Linien auf: Entsteht in der K-Schale (n = 1) durch Elektronenstoß eine „Lücke", wird diese durch ein Elektron aus der

- L-Schale (n = 2) „gefüllt" → K_α-Linie,
- M-Schale (n = 3) „gefüllt" → K_β-Linie,

wobei $E_{K_\alpha} < E_{K_\beta}$.

Moseley-Gesetz

Zwischen der Kernladungszahl Z eines Atoms und der Wellenlänge der K_α-Linie seines Röntgenemissionsspektrums besteht der Zusammenhang:

$$\boldsymbol{\frac{1}{\lambda_{K_\alpha}} = \frac{3}{4} R \cdot (Z-1)^2}$$

$R = 1{,}097 \cdot 10^7 \, \frac{1}{m}$: Rydberg-Konstante

Mithilfe des Moseley-Gesetzes lässt sich ein Material über seine Kernladungszahl identifizieren.

Zeigen Sie, dass für die Grenzwellenlänge des Bremsspektrums einer Röntgenröhre gilt:

$$\lambda_{min} = \frac{h \cdot c}{e \cdot U_B}$$

Lösung: Ansatz der Energiebilanz

$$E_{Ph,\,max} = E_e \quad \Leftrightarrow \quad \frac{h \cdot c}{\lambda_{min}} = e \cdot U_B \quad \Rightarrow \quad \lambda_{min} = \frac{h \cdot c}{e \cdot U_B}$$

8.5 Experimentelle Befunde – Anwendungen

Experimenteller Befund: Atome absorbieren und emittieren Energie nur in ganz bestimmten Beträgen.
Folgerung: Energiezustände der Hüllelektronen im Atom sind diskret verteilt (quantisiert).

❶ Franck-Hertz-Versuch

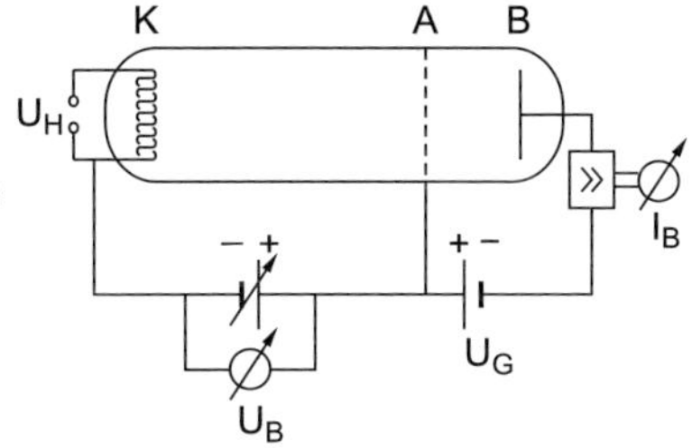

Elektronen werden nach Glühemission in einem verdünntem Gas (z. B. Hg-, Na-, Ne-Dampf) beschleunigt. Gemessen wird die Stromstärke I_B in Abhängigkeit von der Beschleunigungsspannung U_B. Die geringe Gegenspannung U_G verhindert, dass Elektronen mit sehr kleiner Energie die Platte B erreichen.

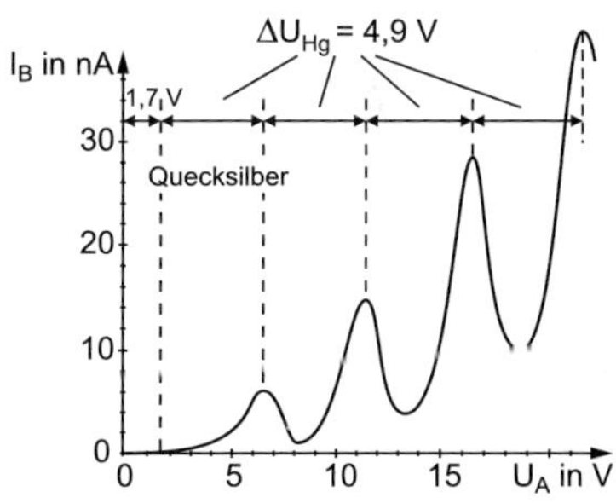

Ergebnis: Die Messkurve weist periodisch lokale Strommaxima und -minima auf.

Erklärung:

- Erhöhung von U_B vergrößert grundsätzlich die Anzahl der Elektronen, welche die Platte erreichen
  → I_B steigt an.
- Elektronen stoßen abhängig von ihrer Energie mit den Gasatomen
  - elastisch: keine Energieabgabe, nur Richtungsablenkung
  - unelastisch: Energieabsorption durch die Gasatome bei bestimmten, vom verwendeten Gas abhängigen U_B-Werten
    → Abfall von I_B (Stromminima im Abstand von jeweils ΔU_{Gas}, z. B. für Hg: 4,9 V; Na: 2,1 V; Ne: 19 V)
- Nach Energieabgabe wird das Elektron wieder beschleunigt und erreicht ggf. noch einmal (oder öfter) vor dem Gitter die zur Gasanregung nötige Energie $e \cdot \Delta U_{Gas}$ → Ausbildung weiterer Minima

- Am Ort der Energieabsorption bildet sich jeweils eine „leuchtende“ Schicht von Gasatomen vor dem Gitter aus: Rückkehr der angeregten Atome in den Grundzustand unter Aussendung von Photonen
  Farbe der Schicht (Beispiel Na-Dampf):
  $$e \cdot \Delta U_{Na} = \frac{h \cdot c}{\lambda} \Rightarrow \lambda = \frac{h \cdot c}{e \cdot \Delta U_{Na}} = \frac{6{,}63 \cdot 10^{-34}\,\text{Js} \cdot 3{,}00 \cdot 10^{8}\,\frac{\text{m}}{\text{s}}}{1{,}60 \cdot 10^{-19}\,\text{J} \cdot 2{,}1\,\text{V}} \approx 590\,\text{nm}$$
  → orangefarbenes Licht
- Leuchtschichten wandern bei Erhöhung von U_B weiter in Richtung Glühwendel; ggf. bilden sich weitere neue Schichten am Gitter.

❷ Resonanzfluoreszenz und -absorption von Natriumdampf

Versuch 1: Kochsalz (NaCl) wird in eine nicht leuchtende Bunsenflamme gebracht.

Beobachtung: Von der Flamme geht gelbes Licht der Wellenlänge $\lambda = 589$ nm aus.

Erklärung:

- Dissoziation der NaCl-Moleküle → große Zahl von Na-Atomen hoher kinetischer Energie in der Bunsenflamme
- Stoßanregung anderer Na-Atome
- Rückkehr der angeregten Atome in den Grundzustand → Emission von Photonen der Energie $\Delta E = \frac{h \cdot c}{\lambda}$ mit $\lambda = 589$ nm (Na-D-Linie)

Versuch 2: Ein Gefäß mit Natriumdampf wird zwischen einer Lichtquelle (Fall 1: Natriumdampflampe; Fall 2: Quecksilberdampflampe) und einem Schirm postiert und vom jeweiligen Licht durchleuchtet.

Beobachtung: Im Fall 1 zeichnet sich die Na-Dampfwolke in Durchstrahlrichtung als Schatten auf dem Schirm ab, seitlich tritt gelbes Licht aus. Im Fall 2 treten beide Effekte nicht auf.

Erklärung:

- Atome des Na-Dampfs werden nur durch Photonen passender Energie (Licht der Na-Dampflampe) angeregt → absorbiertes Licht fehlt in Durchstrahlrichtung
- Rückkehr in den Grundzustand führt zur Abstrahlung Licht gleicher Frequenz (gelbe Na-D-Linie) in *alle* Richtungen (Intensität in Durchstrahlrichtung geschwächt): **Resonanzfluoreszenz**

→ Schatten auf Schirm, gelbes Leuchten

Versuch 3: wie Versuch 2, aber mit Weißlichtquelle. Das hinter dem Gefäß austretende Licht wird spektral analysiert.

Beobachtung: Das kontinuierliche Farbspektrum auf dem Schirm zeigt zwei schwarze Linien.

Erklärung: Die Atome des Na-Dampfs absorbieren Photonen passender Energie (D_1- und D_2-Linie von Na): **Resonanzabsorption**

❸ Auswertung von Röntgenemissionsspektren

Identifizierung des Anodenmaterials

Grundlage: Moseley-Gesetz $\frac{1}{\lambda_{K_\alpha}} = \frac{3}{4} R \cdot (Z-1)^2$

Gegeben: Wellenlänge oder Photonenenergie der K_α-Linie des Anodenmaterials einer Röntgenröhre, z. B. aus Röntgenemissionsspektrum auf S. 57: $E_{K_\alpha} \approx 22\ \text{keV}$

Gesucht: Kernladungszahl Z

Lösung:

$$E_{K_\alpha} = \frac{h \cdot c}{\lambda_{K_\alpha}} = h \cdot c \cdot \frac{3}{4} R \cdot (Z-1)^2 \Rightarrow (Z-1)^2 = \frac{4E_{K_\alpha}}{3R \cdot h \cdot c}$$

$$\Rightarrow Z = \sqrt{\frac{4E_{K_\alpha}}{3R \cdot h \cdot c}} = \sqrt{\frac{4 \cdot 22 \cdot 10^3\ \text{eV}}{3 \cdot 1{,}1 \cdot 10^7\ \frac{1}{\text{m}} \cdot 4{,}14 \cdot 10^{-15}\ \text{eVs} \cdot 3{,}0 \cdot 10^8\ \frac{\text{m}}{\text{s}}}} + 1 = 47$$

Die Anode besteht aus Silber.

Weitere typische Aufgabenstellungen

1. Diskussion der Einflussgrößen auf das Spektrum:
   - Änderung der Beschleunigungsspannung
     - Grenzwellenlänge ändert sich wegen $\lambda_{min} \sim \frac{1}{U_B}$
     - Linienspektrum (Lage der Linien) unverändert
   - Änderung des Anodenmaterials
     - Bremsspektrum unverändert
     - Linienspektrum (Lage der Linien) verändert
       → Moseley-Gesetz: Je größer Z, desto kleiner λ_{K_α}.
2. Identifizierung der Peaks im Spektrum:
   Übergänge $n=2 \rightarrow 1$ (K_α) bzw. $n=3 \rightarrow 1$ (K_β) $\Rightarrow E_{K_\alpha} < E_{K_\beta}$
3. Röntgenstrahlinterferenz (Bragg-Reflexion): vgl. Kap. 6.2, S. 42

❹ Laser

Besondere Eigenschaften des Laserlichts:

- **Große Kohärenz:** Lichtwellen besitzen konstante Phasendifferenz.
- **Enger Frequenzbereich:** „monochromatisches" Licht
- **Parallelität:** Minimaler Öffnungswinkel des Laserstrahls
- **Große Energiedichte:** starke Bündelung → hohe Strahlintensität

→ viele Anwendungen in Industrie, Wissenschaft, Medizin, Alltag

Prinzipaufbau: Lasermedium (fest, flüssig, gasförmig), Resonator, optische Pumpe (z. B. Blitzlampe)

Funktionsprinzip (Beispiel Drei-Niveau-Laser)

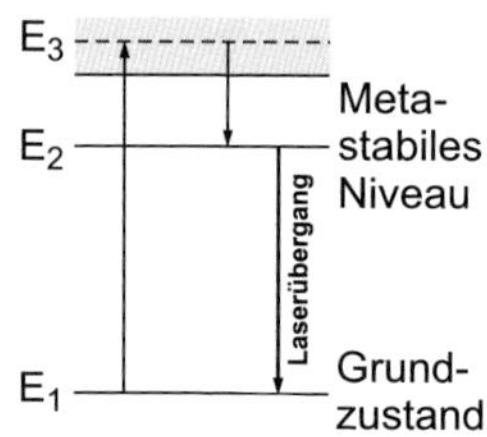

- Anregung des Lasermediums durch **optisches Pumpen** (Energiezufuhr): Übergang $E_1 \rightarrow E_3$
- 2-stufige Rückkehr in Grundzustand: $E_3 \rightarrow E_2$ (rasch); $E_2 \rightarrow E_1$ (verzögert) → **Besetzungsinversion**: E_2 stärker besetzt als E_1
- Im Resonator bilden sich **stehende Wellen** aus (Selektion von Photonen bestimmter Frequenz und Richtung) → **stimulierte Emission** (= Umkehrung der Resonanzabsorption): Ein einfallendes Photon passender Frequenz „stimuliert" den Übergang $E_2 \rightarrow E_1$ → Emission eines zweiten, identischen Photons → Photonenlawine
- Auskopplung des so erzeugten Photonenstroms als **Laserstrahl**

9 Struktur der Materie – Elementarteilchen

Anwendungsgebiete:

❶ Hochenergiephysik (Grundlagenforschung): Teilchenbeschleuniger

❷ Astrophysik: Teilchenschauer beim Eintritt der kosmischen Strahlung in die Erdatmosphäre

Atomaufbau: Entdeckung des Atomkerns durch Rutherford 1911

Rutherford'scher Streuversuch: α-Strahlung trifft senkrecht auf eine dünne Goldfolie. Mit einem Detektor hinter der Folie wird die Richtungsverteilung der gestreuten α-Teilchen gemessen.

Beobachtung:

a) Die meisten α-Teilchen passieren die Folie unabgelenkt.

b) Die abgelenkten α-Teilchen weisen Streuwinkel bis zu 180° und praktisch keinen Energieverlust (elastische Streuung) auf.

Folgerungen:

a) Materie im Atom nicht gleichverteilt; vielmehr existieren große Zwischenräume zwischen den Ladungen

b) eng begrenztes Streuzentrum mit positiver Ladung (wegen Abstoßung) und mit großer Masse (da elastische Streuung)

Ergebnis: Atom besteht aus massivem, positiv geladenem Atomkern und einer negativ geladenen Atomhülle aus Elektronen

In den Folgejahren immer detailliertere Erkenntnisse über den Aufbau der Materie:

- zunächst Atomkern: Aufbau aus den Nukleonen **Proton** und **Neutron** (vgl. Kap. 10)
- Entdeckung vieler weiterer Teilchen
  → Entwicklung des sogenannten **Standardmodells** der Teilchenphysik, das sämtliche Teilchen systematisch einordnet und in gegenseitige Beziehung setzt
  → fundamentale Elementarteilchen sind **Quarks** (q) und **Leptonen** sowie deren Antiteilchen (Antiquark: $\overline{q}$)
  → daraus zusammengesetzte Teilchensorten, z. B. Baryonen (qqq), Mesonen ($q\overline{q}$)

Quarks	Name (Symbol)	Masse in MeV/c²	elektrische Ladung in e	schwache Ladung	starke Ladung
1. Familie	up (u)	2,5	$\frac{2}{3}$	$+\frac{1}{2}$	rot, grün, blau
	down (d)	5,0	$-\frac{1}{3}$	$-\frac{1}{2}$	rot, grün, blau
2. Familie	charm (c)	$1{,}3 \cdot 10^3$	$\frac{2}{3}$	$+\frac{1}{2}$	rot, grün, blau
	strange (s)	100	$-\frac{1}{3}$	$-\frac{1}{2}$	rot, grün, blau
3. Familie	top (t)	$172 \cdot 10^3$	$\frac{2}{3}$	$+\frac{1}{2}$	rot, grün, blau
	bottom (b)	$4{,}2 \cdot 10^3$	$-\frac{1}{3}$	$-\frac{1}{2}$	rot, grün, blau

Leptonen	Name (Symbol)	Masse in MeV/c²	elektrische Ladung in e	schwache Ladung	starke Ladung
1. Familie	Elektron (e^-)	0,5	–1	$-\frac{1}{2}$	–
	e-Neutrino (ν_e)	$< 2 \cdot 10^{-6}$	0	$+\frac{1}{2}$	–
2. Familie	Myon (μ)	106	–1	$-\frac{1}{2}$	–
	μ-Neutrino (ν_μ)	< 0,2	0	$+\frac{1}{2}$	–
3. Familie	Tauon (τ)	$1{,}8 \cdot 10^3$	–1	$-\frac{1}{2}$	–
	τ-Neutrino (ν_τ)	< 16	0	$+\frac{1}{2}$	–

Alle Kräfte zwischen den Teilchen beruhen auf **vier fundamentalen Wechselwirkungen** (WW). Sie hängen ab von den Teilchenladungen (stark, elektrisch, schwach) und werden durch **Austauschteilchen** vermittelt (gravitative WW im bisherigen Standardmodell nicht erfasst):

WW	Teilchen	Austauschteilchen	Wirkung (Beispiel)
stark	Quarks	Gluon	Zusammenhalt Atomkern
elektromagnetisch	elektrisch geladen	Photon	alle elektrischen, magnetischen, chemischen Phänomene
schwach	alle	W^+-, W^--, Z-Boson	β-Zerfall
gravitativ	alle	(Graviton)	Schwerkraft; Astronomie

β^--Zerfall: Umwandlung eines Neutrons in ein Proton unter Aussendung eines Elektrons (β-Teilchens) und eines Antineutrinos
Beschreibung im Quarkmodell:

- Neutron: udd (elektrische Ladung: 0)
- Proton: uud (elektrische Ladung: +1 e)

→ Umwandlung d-Quark (Ladung: $-\frac{1}{3}$ e) in u-Quark (Ladung: $+\frac{2}{3}$ e)
→ β-Teilchen trägt entstehende Ladung –1e fort (Ladungserhaltung)

10 Ein Kernmodell der Quantenphysik

Anwendungsgebiete:
❶ Radioaktivität; Kerntechnik; α-, β-, γ-Strahlung (vgl. Kap. 11)
❷ Experiment: Mößbauer-Effekt

10.1 Potenzialtopfmodell des Atomkerns

Atomkern: je ein eindimensionaler, endlich hoher Potenzialtopf pro Nukleon

- Potenzielle Energie bedingt durch Wechselwirkungskräfte (WW):
  - Neutron (n): starke und schwache WW mit kurzer Reichweite
  - Proton (p): Überlagerung von starker/schwacher WW und Coulombkraft (gegenseitige Abstoßung der p; Reichweite unendlich)

  → n stärker gebunden als p (n-Topfboden tiefer als p-Topfboden)
- maximal zweifache Besetzung jedes Zustands (Pauli-Prinzip)
- Stabiler Atomkern: Füllhöhe beider Töpfe gleich

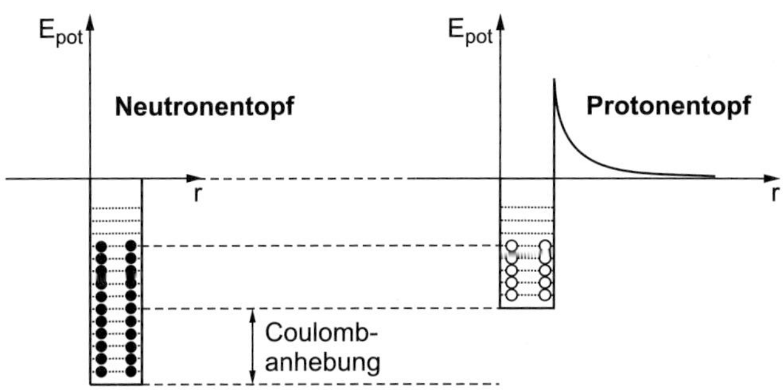

Potenzialtopfmodell erklärt:

- diskrete Kernenergiezustände (→ Linienspektrum der γ-Strahlung)
- α-Zerfall, β-Zerfall
- besonders stabile Kerne → vollständige Besetzung der Zustände

1. **β^--Zerfall:** Ein Elektron verlässt spontan den Kern, nachdem es sich bei der Umwandlung eines Neutrons in ein Proton gebildet hat.

Erklärung mithilfe des Potenzialtopfmodells:

- β^--Strahler: oberstes n-Niveau höher als oberstes nicht vollständig besetztes p-Niveau (Neutronenüberschuss) → Topfwechsel energetisch günstig
- Frei werdende Energie verteilt sich auf Elektron (Ladungserhaltung) und Antineutrino (Energie- und Impulserhaltung) → kontinuierliches Energiespektrum der β-Strahlung
- Tochterkern besitzt eine um 1 erhöhte Kernladungszahl

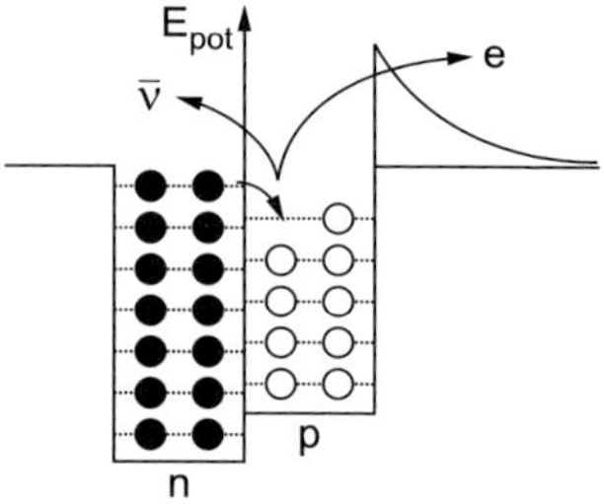

2. **α-Zerfall:** Ein Heliumkern (α-Teilchen) verlässt spontan den Kern mit einer wesentlich geringeren Energie, als nach der klassischen Physik zu erwarten ist.

   Erklärung mithilfe des Potenzialtopfmodells:

   - α-Strahler: schwerer Kern mit vielen p → große Coulombabstoßung → Bildung von α-Teilchen (besonders stabil)
   - Dabei freigesetzte Energie führt zu energetischer Anhebung des α-Teilchens im Potenzialtopf ($E_\alpha > 0$), es bleibt aber unterhalb des oberen Topfrands → klassisch kein Verlassen des Topfs möglich

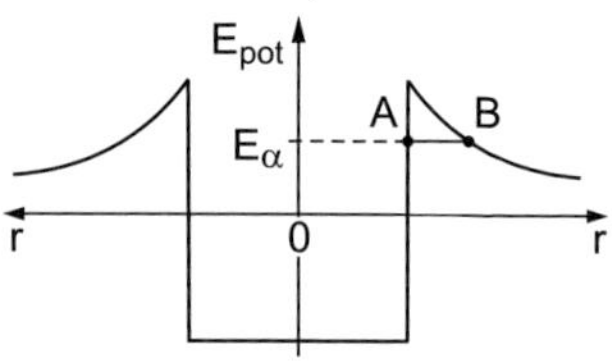

   - Quantenmechanischer Tunneleffekt: Mit einer gewissen Wahrscheinlichkeit (abhängig von der Tunnellänge $\overline{AB}$) durchtunnelt das α-Teilchen die Potenzialschwelle (vgl. Kap. 8.2, S. 54).

10.2 Stabilität von Atomkernen

Kenngrößen des Atomkerns

- Kernladungszahl Z: Anzahl der Protonen im Kern
- Neutronenzahl N: Anzahl der Neutronen im Kern
- Massenzahl A: Anzahl der Nukleonen im Kern, $A = Z + N$

Nuklid und Isotope

- Nuklid ${}^{A}_{Z}X$: Atomkern des durch A und Z festgelegten chemischen Elements X
- Isotope: Nuklide mit gleicher Kernladungszahl Z (A variabel)

Die Masse eines aus mehreren Nukleonen zusammengesetzten Kerns ist stets kleiner als die Summe der Massen seiner Kernbausteine
→ die Massendifferenz Δm entspricht nach Einsteins Masse-Energie-Äquivalenz dem Betrag der **Kernbindungsenergie**: $|E_B| = \Delta m \cdot c^2$

Massendefekt

Bezeichnen m_p, m_n und m_K die Massen eines Protons, eines Neutrons und eines Nuklids ${}^{A}_{Z}X$, versteht man unter dem Massendefekt Δm:
$$\mathbf{\Delta m = Z \cdot m_p + (A - Z) \cdot m_n - m_K}$$

Ein Maß für die Stabilität von Atomkernen ist die **mittlere Bindungsenergie pro Nukleon** $\frac{|E_B|}{A}$, aufgetragen gegen die Massenzahl A:

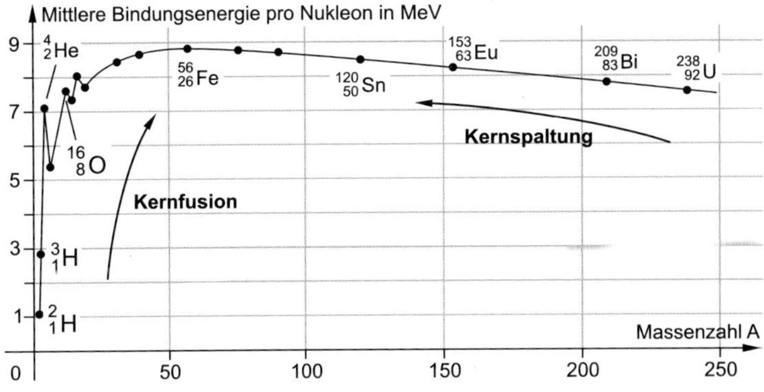

Interpretation:

- $\frac{|E_B|}{A}$ nimmt für kleine A zu und für große A ab.
- Maximum bei ${}^{62}_{28}Ni$ → stabilster Atomkern
- Kernreaktionen finden unter Freisetzung von Energie statt, wenn $\frac{|E_B|}{A}$ bei den Produktkernen größer ist als bei den Ausgangskernen.

→ **Kernfusion:** Kerne mit $A < 62$; **Kernspaltung:** Kerne mit $A > 62$

Berechnen Sie die mittlere Bindungsenergie pro Nukleon für das α-Teilchen ($m_\alpha = 4{,}0015065\,u$; $m_p = 1{,}007276\,u$; $m_n = 1{,}008665\,u$).

Lösung: α-Teilchen $= {}^4_2He$; nötige Zahlenwerte ggf. aus Tafelwerk

Massendefekt ($Z = 2$; $A = 4$) und Kernbindungsenergie:

$$\Delta m = 2 \cdot 1{,}007276\,u + 2 \cdot 1{,}008665\,u - 4{,}0015065\,u = 0{,}0303755\,u$$

$$\Rightarrow \quad |E_B| = 0{,}0303755\,u \cdot c^2 = 0{,}0303755 \cdot 931{,}49\,MeV = 28{,}3\,MeV$$

Mittlere Bindungsenergie pro Nukleon:

$\frac{|E_B|}{A} = \frac{28{,}3\,MeV}{4} = 7{,}07\,MeV$ (vgl. Diagramm S. 67)

Weitere typische Aufgabenstellungen

1. Diskussion der Stabilität von Atomkernen
   Gegeben: Ausgangskerne, ggf. Produktkerne
   Gesucht: Mögliche Kernreaktionen? $\frac{|E_B|}{A}$-Wert? (Abschätzung)

   Lösung: Bewertung der Energiebilanzen bei Kernfusion/-spaltung mithilfe des A-$\frac{|E_B|}{A}$-Diagramms (vgl. Interpretation S. 67)

2. Stabilitätslinie (= Bereich stabiler Kerne) in der Nuklidkarte
   Gegeben: Nuklidkarte (= N-Z-Diagramm, ggf. schematisch)
   Gesucht: Begründung des Verlaufs der Stabilitätslinie

   Lösung: mithilfe des Potenzialtopfmodell des Atomkerns
   - leichte Kerne: Winkelhalbierende ($N = Z$); Stabilität steigt mit A
     Begründung:
     - kleiner Kerndurchmesser, Kernkraft überwiegt Coulombabstoßung deutlich, da Reichweite der Kräfte hier nicht maßgebend
     - Kernkraft/Kernbindung steigt mit A (Topf wird tiefer)
   - schwerere Kerne: Linie weicht gegenüber Winkelhalbierenden „nach unten" ab ($N > Z$); für schwere Kerne fällt Stabilität mit A
     Begründung:
     - Je größer der Kerndurchmesser, desto stärker wird bei symmetrischer Verteilung der Nukleonen der Einfluss der Coulombabstoßung, weil die Kernkraft nur auf die Nachbarnukleonen, die Coulombkraft dagegen auf alle Kernprotonen wirkt
       → Ausgleich der unterschiedlichen Topftiefen durch Neutronenüberschuss, sodass Füllhöhe angeglichen wird
     - schwere Kerne: großer Einfluss der Coulombabstoßung, Kernbindung sinkt mit zunehmendem A

11 Radioaktivität und Kernreaktionen

Anwendungsgebiete:

❶ Technik: Energietechnik; Materialprüfung; Rauchmelder

❷ Medizin: Diagnostik (Tracer; Tomografie: Magnetresonanz; Positronenemission); Therapie (z. B. bei Schilddrüsenerkrankungen)

11.1 Radioaktivität

Radioaktivität: spontane Strahlungsemission infolge von Umwandlungen instabiler Atomkerne

Strahlungsarten

α-Strahlung

- besteht aus Heliumkernen $^{4}_{2}He$;
- besitzt eine Reichweite in Luft von einigen Zentimetern;
- ist durch ein Blatt Papier abschirmbar;
- ist im Gewebe dicht ionisierend.

α-Zerfall: Emission eines α-Teilchens → $\Delta A = -4$; $\Delta Z = -2$

Beispielreaktion:

$$^{220}_{86}Rn \xrightarrow{\alpha} {}^{216}_{84}Po^{2-} + {}^{4}_{2}He^{2+}$$

β-Strahlung

- besteht aus Elektronen (β^--Zerfall) oder Positronen (β^+-Zerfall)
- besitzt eine Reichweite in Luft von einigen Metern;
- ist durch eine einige Millimeter dünne Metallschicht abschirmbar;
- ist im Gewebe locker ionisierend.

β-Zerfall: Emission eines

- β^--Teilchens und eines Antineutrinos → $\Delta A = 0$; $\Delta Z = +1$
- β^+-Teilchens und eines Neutrinos → $\Delta A = 0$; $\Delta Z = -1$

Beispielreaktionen:

$$^{40}_{19}K \xrightarrow{\beta^-} {}^{40}_{20}Ca^{+} + {}^{0}_{-1}e^{-} + \overline{\nu}_e$$

$$^{18}_{9}F \xrightarrow{\beta^+} {}^{18}_{8}O^{-} + {}^{0}_{1}e^{+} + \nu_e$$

γ-Strahlung
- besteht aus Photonen mit Energien von einigen 100 MeV;
- besitzt eine Reichweite in Luft von einigen 10 Metern;
- ist durch eine einige Zentimeter dicke Bleischicht abschirmbar;
- ist im Gewebe locker ionisierend.

γ-Zerfall: Übergang eines höheren Energiezustands im Atomkern in einen tieferen Zustand unter Emission eines γ-Photons → $\Delta A = \Delta Z = 0$

Beispielreaktion:

$${}^{137}_{56}\text{Ba}^* \xrightarrow{\gamma} {}^{137}_{56}\text{Ba} + \gamma$$

Nachweis der Radioaktivität
- **Messprinzip:** Nachweis der durch Strahlung hervorgerufene Ionisation, Lichtemission (Szintillation) oder Schwärzung (Fotoplatten)
- **Geräte:** z. B. Nebel-/Blasenkammer, Zählrohr, Szintillationszähler
- **Nulleffekt:** Detektoranzeige (z. B. Zählrohr) bei Abwesenheit der zu messenden Substanz (z. B. aufgrund natürlicher Strahlungsquellen in der Umgebung) → muss bei Messung berücksichtigt werden

Zerfallsreihen

- Zerfallsprodukt („Tochter") eines radioaktiven Kerns („Mutter") meist wieder radioaktiv → Bildung einer **Zerfallsreihe** mit radioaktivem Ausgangskern und stabilem Endkern
- Es gibt **vier** natürliche Zerfallsreihen.
  Begründung: Massenzahl A eines Mutterkerns kann je nach Zerfallsart um 4 (α) oder gar nicht (β, γ) abnehmen. Da sich jedes $A \in \mathbb{N}$ vollständig durch die 4 Terme $4n$, $4n+1$, $4n+2$, $4n+3$ mit $n = 0, 1, 2, \ldots$ darstellen lässt, sind durch diese Terme bzw. durch die Divisionsreste 0, 1, 2, 3 eindeutig 4 Zerfallsreihen festgelegt.
- Benannt nach typisch enthaltenen Elementen lauten diese:
  - Thorium-Reihe (Th-232; Rest 0)
  - Neptunium-Reihe (Pu-241; Rest 1)
  - Uran-Radium-Reihe (U-238; Rest 2)
  - Uran-Actinium-Reihe (U-235; Rest 3)
- Tatsächlich kommen davon heute **drei in der Natur** vor. Die radioaktiven Elemente der Np-Reihe sind dagegen mit Ausnahme des Endkerns Bi-209 bereits alle zerfallen; Bi-209 selbst ist ebenfalls nicht stabil, zerfällt aber extrem langsam.

Ermitteln Sie die natürliche Zerfallsreihe, zu der Po-210 gehört.

Lösung:

Division der Massenzahl A = 210 durch 4 ergibt 52 Rest 2

→ Po-210 gehört zur Uran-Radium-Reihe.

Zerfallsgesetz

Kernumwandlungen erfolgen spontan und unabhängig von äußeren Faktoren → Zahl radioaktiver Kerne sinkt exponentiell mit der Zeit

Aktivität, Zerfallsgesetz und Halbwertszeit

1. **Aktivität:** Zahl ΔN der Zerfälle pro Zeit Δt (Einheit: 1 Becquerel)

   $$\mathbf{A = \left|\frac{\Delta N}{\Delta t}\right|} \text{ bzw. } \mathbf{A = |\dot{N}|} \quad \mathbf{[A] = 1\,\frac{1}{s} = 1\,Bq}$$

2. **Zerfallsgesetz:** Zahl N(t) der nach der Zeit t noch vorhandenen radioaktiven Kerne (λ: Zerfallskonstante; $N_0 = N(0\ s)$)

   $$\mathbf{N(t) = N_0 \cdot e^{-\lambda \cdot t}}$$

3. Zusammenhang zwischen A und N (Folgerung aus 1 und 2):

   $$\mathbf{A(t) = \lambda \cdot N(t)}$$

4. **Halbwertszeit:** Zeitspanne $T_{1/2}$, nach der sich N(t) bzw. A(t) halbieren (charakteristisch für jedes radioaktive Isotop). Es gilt:

   $$\mathbf{T_{1/2} = \frac{\ln 2}{\lambda}}$$

1. Berechnen Sie, nach wie vielen Halbwertszeiten die Aktivität einer radioaktiven Probe auf weniger als 0,1 % gesunken ist.

   Lösung: Pro $T_{1/2}$ sinkt A(t) um den Faktor $\frac{1}{2}$

   $$\left(\frac{1}{2}\right)^n < 0{,}001 \Rightarrow 2^n > 1000 \Rightarrow n > \frac{\ln 1000}{\ln 2} = 9{,}96\ldots \Rightarrow n_{min} = 10$$

2. Berechnen Sie die Zeit t*, nach der 99 % des β-Strahlers Cs-137, der u. a. bei der Kernspaltung anfällt, zerfallen sind ($T_{1/2} = 30{,}17$ a).

   Lösung: Zerfallsgesetz; Zerfall von 99 % → $N(t) = 0{,}01 \cdot N_0$

   $$0{,}01 \cdot N_0 = N_0 \cdot e^{-\lambda \cdot t^*}$$

   $$\Rightarrow \ln 0{,}01 = -\lambda \cdot t^*$$

   $$t^* = \frac{\ln 0{,}01}{-\lambda} = -\frac{\ln 0{,}01}{\ln 2} \cdot T_{1/2} = 6{,}644 \cdot 30{,}17\text{ a} = 200\text{ a}$$

3. Berechnen Sie die Masse einer Tritiumprobe ($T_{1/2} = 12{,}3$ a, Atommasse 3,016049 u), die zur Messzeit die Aktivität 0,65 TBq besitzt.

Lösung:

$$m(\text{H-3}) = 3{,}016049 \cdot 1{,}66 \cdot 10^{-27}\ \text{kg} = 5{,}01 \cdot 10^{-27}\ \text{kg}$$

$$T_{1/2} = 12{,}3 \cdot 365 \cdot 24 \cdot 3600\ \text{s} = 3{,}88 \cdot 10^{8}\ \text{s}$$

$$\left.\begin{aligned} A_0 &= \lambda \cdot N_0 \\ \lambda &= \frac{\ln 2}{T_{1/2}} \\ N_0 &= \frac{m}{m(\text{H-3})} \end{aligned}\right\} \Rightarrow A_0 = \frac{\ln 2 \cdot m}{T_{1/2} \cdot m(\text{H-3})}$$

$$m = \frac{A_0 \cdot T_{1/2} \cdot m(\text{H-3})}{\ln 2} = \frac{6{,}5 \cdot 10^{11}\ \frac{1}{\text{s}} \cdot 3{,}88 \cdot 10^{8}\ \text{s} \cdot 5{,}01 \cdot 10^{-27}\ \text{kg}}{\ln 2} = 1{,}8\ \text{mg}$$

4. **Radiokarbonmethode: Altersbestimmung organischer Stoffe**

Prinzip:

- Kohlenstoff in lebenden Organismen ist Isotopengemisch aus C-12 (Hauptanteil) und C-14 (sehr kleiner Anteil, β-Strahler mit $T_{1/2} = 5730$ a)
- Dynamisches Gleichgewicht: C-14-Kerne, die zerfallen, werden durch neu entstandene Kerne ersetzt (Neutronenbeschuss durch kosmische Strahlung; Reaktion: ${}^{14}_{7}\text{N} + {}^{1}_{0}\text{n} \rightarrow {}^{14}_{6}\text{C} + {}^{1}_{1}\text{p}$)
  → Isotopenverhältnis in Atmosphäre und lebendem Organismus (Einlagerung durch Stoffwechsel) konstant
- Stirbt Organismus, nimmt C-14-Anteil ab → Altersbestimmung mithilfe des Zerfallsgesetzes

Beispiel: Alter einer Probe, die noch 15 % der Aktivität einer frischen Probe aufweist

$$A(t) = 0{,}15 \cdot A_0 \Rightarrow A_0 \cdot e^{-\lambda \cdot t} = 0{,}15 \cdot A_0 \Rightarrow -\lambda \cdot t = \ln 0{,}15$$

$$\Rightarrow t = \frac{\ln 0{,}15}{-\lambda} = -\frac{\ln 0{,}15}{\ln 2} \cdot T_{1/2} = 2{,}737 \cdot 5730\ \text{a} = 15{,}7 \cdot 10^{3}\ \text{a}$$

Hinweise:

- Aktivitäten von alter/frischer Probe müssen gemessen werden; falls A_{alt} zu klein (Nulleffekt!), ist Messung der Anzahl N der C-14-Kerne in den Proben nötig
- C-14-Anteil in Atmosphäre tatsächlich nicht streng konstant → Vergleich mit anderen Datierungsmethoden notwendig

Strahlenbelastung und Strahlenschutz

Abstandsgesetz
Die Strahlungsintensität einer (punktförmigen) radioaktiven Substanz, die in alle Richtungen strahlt, nimmt mit dem Quadrat des Abstands r von der Strahlquelle ab:

$$\mathbf{I(r) \sim \frac{1}{r^2}}$$

Die **Dosimetrie** liefert Messgrößen, mit denen man die Auswirkungen ionisierender Strahlungen vergleichen kann.

Energiedosis
Die Energiedosis D ist der Quotient aus der Energie ΔE, die ein ionisierender Strahlung ausgesetztes Material absorbiert, und der Masse m dieses Materials (Einheit: 1 Gray):

$$\mathbf{D = \frac{\Delta E}{m} \qquad [D] = 1\,\frac{J}{kg} = 1\,Gy}$$

Um die **biologischen Wirksamkeit** der verschiedenen Strahlungsarten zu berücksichtigen, definiert man die Äquivalentdosis.

Äquivalentdosis
Die Äquivalentdosis H ist das Produkt aus der Energiedosis D und dem für eine bestimmte Strahlungsart charakteristischen Wichtungsfaktor w (Einheit: 1 Sievert):

$$\mathbf{H = w_R \cdot D = w_R \cdot \frac{\Delta E}{m} \qquad [H] = 1\,\frac{J}{kg} = 1\,Sv}$$

Wichtungsfaktoren w_R:

Strahlungsart	w_R	Strahlungsart	w_R
α-Strahlung	20	Neutronenstrahlung	[2; 20]
β-, γ-, Röntgenstrahlung	1	Protonenstrahlung	2

Durch Einatmen des α-Strahlers Rn-222 nimmt man in Deutschland im Schnitt Strahlung der Energie 4,1 mJ/Jahr auf. Berechnen Sie die jährlich Äquivalentdosis für eine Person der Masse 80 kg. Vergleichen Sie mit der mittleren natürlichen Gesamtbelastung von 2,1 mSv/Jahr.

Lösung: $w_R = 20$ (α-Strahler)

$$H_{Rn} = w_R \cdot \frac{\Delta E}{m} = 20 \cdot \frac{4{,}1\,\text{mJ}}{80\,\text{kg}} = 1{,}0\,\text{mSv} \Rightarrow \frac{H_{Rn}}{H_{ges}} = \frac{1{,}0\,\text{mSv}}{2{,}1\,\text{mSv}} = 48\,\%$$

Strahlenbelastung in Umwelt, Medizin, Technik:

- **Natürliche Quellen:** kosmische und terrestrische Strahlung (äußerlich), Radon (v. a. in Kellerräumen, innerlich)
- **Medizin:** Röntgenuntersuchungen (Hauptanteil an der Belastung, v. a durch Computertomografie), Nuklearmedizin
- **Kerntechnik:** Fallout (Kernwaffentests, Kernkraftwerk-GAU) → Belastung von Lebensmitteln (v. a. bestimmte Pilze, Wildbret)

Strahlenschutz: Nennen Sie die wichtigsten Maßnahmen zum Strahlenschutz und begründen Sie kurz deren Nutzen.

Lösung:

- **Bestrahlungszeit minimieren:** Das Schadensrisiko ist proportional zur Bestrahlungszeit.
- **Abstand maximieren:** Die Strahlungsintensität nimmt quadratisch mit wachsendem Abstand von der Strahlquelle ab (Abstandsgesetz)
- **Abschirmen:** Blatt Papier (α); dünne Metallschicht (β); dicke Bleischicht (γ)
- **Inkorporation vermeiden:** Im Körperinneren alle Strahlenarten schädlich (Ionisation) → Einatmen, Verschlucken etc. vermeiden

Weitere typische Aufgabenstellungen

1. Grafische Auswertung einer Messreihe zum radioaktiven Zerfall
   Gegeben: Messreihe für A(t)
   Gesucht: grafische Bestimmung von λ und $T_{1/2}$

   Lösung: grafischer Nachweis eines exponentiellen Zusammenhangs zweier Größen durch halblogarithmische Darstellung

   $$A(t) = A_0 \cdot e^{-\lambda \cdot t} \Rightarrow \ln\frac{A(t)}{A_0} = -\lambda \cdot t$$

   → Geradengleichung der Form $y = m \cdot x$ mit Steigung $m = -\lambda$
   → Anfertigung des t-$\ln\frac{A(t)}{A_0}$-Diagramms (ggf. Nulleffekt beachten)
   → λ, $T_{1/2}$ aus Steigung m (Bestimmung mittels Steigungsdreieck):

   $$\lambda = |m| = \left|\frac{1}{\Delta t} \cdot \Delta\left(\ln\frac{A(t)}{A_0}\right)\right| \Rightarrow T_{1/2} = \frac{\ln 2}{\lambda}$$

2. Diskussion des Zerfallsprozesses
   Gegeben: z. B. Aussage „Atome altern nicht."
   Gesucht: Begründung der Aussage

   Lösung: Ein Alterungsvorgang bedingt eine Zerfalls-/Sterbewahrscheinlichkeit, die mit fortschreitender „Lebenszeit" des Objekts ansteigt. Beim radioaktiven Zerfall ist die Zerfallswahrscheinlichkeit aber durch die *zeitunabhängige* Zerfallskonstante λ gegeben und damit unabhängig von der „Lebenszeit" eines Isotops stets gleich groß.

3. Mutter-Tochter-Zerfall
   Gegeben: Daten zu radioaktiver Mutter- und Tochtersubstanz; t-A-Diagramm
   Gesucht: z. B. Beschreibung/Begründung des zeitlichen Verlaufs der Gesamtaktivität und/oder der Einzelaktivitäten

   Lösung:
   Abfallender Teil des Aktivitätsverlaufs:
   - Vergleich der Halbwertszeiten der beteiligten Isotope
   - Relevant für den Verlauf sind diejenigen $T_{1/2}$, deren Werte in der Größenordnung der durch das t-A-Diagramm gegebenen Zeitskala liegen.

   Ggf. Anstieg von A zu Beginn der Messung:
   - Typischer Effekt bei Mutter-Tochter-Zerfall: Ist Tochterkern ebenfalls radioaktiv und liegen die $T_{1/2}$ für Mutter- und Tochterkern nicht zu weit auseinander, tragen beide Isotope gleichzeitig zur Aktivität bei $\rightarrow A_{ges}$ steigt zunächst
   - N_M sinkt mit der Zeit, damit sinkt A_M und „Nachschub" für N_T $\rightarrow A_{ges}$ sinkt (siehe oben)

4. Halbwertsdicke (Dicke, bei der γ-Strahlung zur Hälfte abnimmt)
   Gegeben: Halbwertsdicke $d_{1/2}$; Zählraten z_v, z_h (vor/hinter Schicht)
   Gesucht: Schichtdicke D

   Lösung: Zerfallsrate nimmt exponentiell ab (Analogie: $T_{1/2}$)

   Relative Abnahme q der Zählrate: $q = \frac{z_h}{z_v}$

   Anzahl n der Halbwertsdicken: $\left(\frac{1}{2}\right)^n = q \Rightarrow n = \frac{\ln q}{\ln\frac{1}{2}} = -\frac{\ln q}{\ln 2}$

   Schichtdicke: $D = n \cdot d_{1/2}$

11.2 Kernreaktionen

Kernreaktionen laufen

- stets so ab, dass **Gesamtenergie und -impuls erhalten** bleiben;
- stets so ab, dass die **Summen der Kernladungszahlen Z und Massenzahlen A** der beteiligten Reaktionspartner jeweils **erhalten** bleiben; die Atommassendifferenz $\Delta m = m_{vor} - m_{nach}$ der Partner bestimmt den sogenannten **Q-Wert** der Reaktion: $Q = \Delta m \cdot c^2$
- **exotherm** ab, wenn dabei Energie freigesetzt wird ($Q > 0$);
- **endotherm** ab, wenn dabei Energieaufwand nötig ist ($Q < 0$).

Kenngröße für Stabilität eines Kerns → mittlere Bindungsenergie pro Nukleon (vgl. Kap. 10.2, S. 67).

1. Energie- und Impulserhaltung:
   - α-Zerfall: $E_{kin,\alpha} < Q$
     Begründung: Rückstoß (Impulserhaltung) → Tochterkern nimmt einen Teil der kinetischen Energie und des Impulses auf
   - β-Zerfall: kontinuierliche Verteilung von $E_{kin,\beta}$
     Begründung: nur möglich, wenn ein weiteres Teilchen entsteht, das Restenergie/-impuls aufnimmt → Postulierung des Neutrinos
2. Erhaltung der Summen von A, Z: vgl. Beispiele Kap. 11.1, S. 69
3. Exotherme Kernreaktionen: natürliche Radioaktivität, Spaltung schwerer Kerne, Fusion leichter Kerne

Kernspaltung

Prinzip:

- Spaltung schwerer Kerne durch Beschuss mit Neutronen
  → Produkte: zwei etwa gleich schwere Kerne, weitere Neutronen
- Gesamtreaktion exotherm ($Q > 0$)
- Beispielreaktion: Uranspaltung (eine von mehreren möglichen)
  $^{235}_{92}U + ^{1}_{0}n \rightarrow ^{139}_{56}Ba + ^{95}_{36}Kr + 2 \cdot ^{1}_{0}n$
- mehr n erzeugt als für 1 Spaltung nötig → **Kettenreaktion** möglich

Anwendungen:

- friedliche Nutzung (Kernkraftwerk)
- militärische Nutzung (Kernwaffen: Atombombe; Nuklearantrieb)
- Natur (Naturreaktoren: U-Lager mit Kettenreaktion/Moderation)

Diskussion der Nutzung (Energiegewinnung):

- Vorteile: hohe Dauerleistung; geringe Standortabhängigkeit
- Nachteile: Unfallgefahr (GAU) inkl. wirtschaftliches Schadensrisiko; ungelöste Sicherheitsfragen (Endlagerung), Wirtschaftlichkeit (Kosten für Bau, Unterhalt, Entsorgung, Endlagerung, Rückbau), Umweltbilanz; begrenzte Verfügbarkeit von Kernbrennstoff

Kernfusion

Prinzip:

- Verschmelzen leichter Kerne zu einem schwereren Kern
- Gesamtreaktion exotherm ($Q > 0$)
- große Aktivierungsenergie nötig, da sich zum Start der Reaktion die Reaktionspartner gegen die Coulombabstoßung annähern müssen
- Beispielreaktion: Deuterium-Tritium-Reaktion (Heliumfusion)
  $^{2}_{1}H + ^{3}_{1}H \rightarrow ^{4}_{2}He + ^{1}_{0}n$
- theoretische Energieausbeute pro Kernprozess bei Fusion größer als bei Spaltung (Problem: technische Realisierung)

Anwendungen:

- friedliche Nutzung (theoretisch: Fusionskraftwerk)
- militärische Nutzung (Kernwaffen: Wasserstoffbombe)
- Natur (Sonnenenergie: „Wasserstoffbrennen"; Sternentwicklung)

Diskussion der Nutzung (Energiegewinnung):

- Vorteile: relativ geringer Mengenbedarf an Rohstoffen; Rohstoffvorkommen nahezu unerschöpflich
- Nachteile: technische Realisierung bisher ungelöst; hohe Kosten, Wirtschaftlichkeit ungeklärt, Belastung durch Radioaktivität zwar geringer als bei Kernspaltung, aber dennoch vorhanden

1. **Kernspaltung:** Die Wahrscheinlichkeit, dass die U-235-Spaltung bei Neutronenbeschuss einsetzt, steigt, wenn die Neutronen nicht zu schnell („thermisch") sind. Um die bei der Spaltung erzeugten schnellen Neutronen abzubremsen, verwendet man Moderatoren. Geben Sie eine geeignete Moderatorsubstanz an (Begründung!).

   Lösung: Ein idealer Moderatorkern nimmt einen möglichst großen Impuls vom Neutron auf, ohne es aber einzufangen (elastische Streuung) → am besten eignen sich Wasserstoff H und Deuterium D

(H: ideale Masse, aber höhere Neutronenabsorption als D), außerdem Kohlenstoff C-12 → Leichtwasserreaktor (H_2O), Schwerwasserreaktor (D_2O), Graphitreaktor

Hinweis: Ein-/Ausfahren sog. Regelstäbe (z. B. aus Bor) → Neutronenabsorption gewünschter Stärke (kontrollierte Kettenreaktion)

2. **Kernfusion in der Sonne:** siehe Kap. 12.3, S. 87 f.

3. **Fusionsreaktor:** In einem Forschungsreaktor sollen täglich 100 g Deuterium mit der entsprechenden Menge Tritium zu Helium fusioniert werden (Q = 17,6 MeV; Wirkungsgrad: 50 %).
Berechnen Sie die Reaktorleistung ($m_D = 2{,}014102$ u).
Vergleichen Sie Ihr Ergebnis mit der Leistung von 20 MW des Forschungskernreaktors FRM II in Garching bei München (Brennelement: 8 kg U-235 mit Brenndauer von 60 Tagen).

Lösung:
Anzahl der Fusionsprozesse:

$$N = \frac{m}{m_D} = \frac{0{,}100\ \text{kg}}{2{,}014102 \cdot 1{,}66 \cdot 10^{-27}\ \text{kg}} = 2{,}99 \cdot 10^{25}$$

Tägliche Energieabgabe:

$$E = N \cdot Q = 2{,}99 \cdot 10^{25} \cdot 17{,}6 \cdot 10^{6} \cdot 1{,}60 \cdot 10^{-19}\ \text{J} = 8{,}42 \cdot 10^{13}\ \text{J}$$

Abgegebene Leistung:

$$P_{ab} = \eta \cdot P = \eta \cdot \frac{E}{1\ \text{d}} = 0{,}50 \cdot \frac{8{,}42 \cdot 10^{13}\ \text{J}}{24 \cdot 3600\ \text{s}} = 487\ \text{MW}$$

Der Fusionsreaktor leistet das 24-Fache des FRM II.
(Massenverhältnis der pro Tag eingesetzten Brennstoffe: $\frac{100\ \text{g}}{133\ \text{g}} = \frac{3}{4}$)

Weitere typische Aufgabenstellungen

1. Prinzipielle experimentelle Identifikation von Neutronen

Lösung: hohe Durchdringungsfähigkeit; Unterscheidung von
- α-, β-Strahlung: keine Ablenkung im E/B-Feld; keine Ionisierung
- γ-Strahlung: Messung der Teilchenbahnen (z. B. Nebelkammer) und der Rückstoßenergien → Bestimmung der Teilchenmasse

2. Vergleich Energietechnik: Kernspaltung und -fusion, regenerative (Sonne, Wind, Wasser) und fossile Energieträger (Kohle, Öl, Gas)

Lösung: mögliche Aspekte siehe Diskussion S. 77

12 Orientierung am Himmel – Planeten – Sonne

Anwendungsgebiete:

❶ Grundlegende Berechnungen: Lage, Entfernung, Umlaufdauer, Geschwindigkeit, Energie von Himmelskörpern

❷ Temperaturbestimmung: Oberflächentemperatur sonnenbestrahlter Körper; Innen- und Oberflächentemperatur der Sonne

❸ Auswerten von Spektren

❹ Kernfusion: Berechnungen zur Sonnenenergie; Teilchenzahlen

12.1 Orientierung am Himmel

Die **scheinbare Himmelskugel** ist eine gedachte Kugelschale, in deren Mittelpunkt die Erde bzw. der Beobachter steht. Sie bildet den Bezugsrahmen, mithilfe dessen sich die Lage astronomischer Objekte beschreiben lässt.

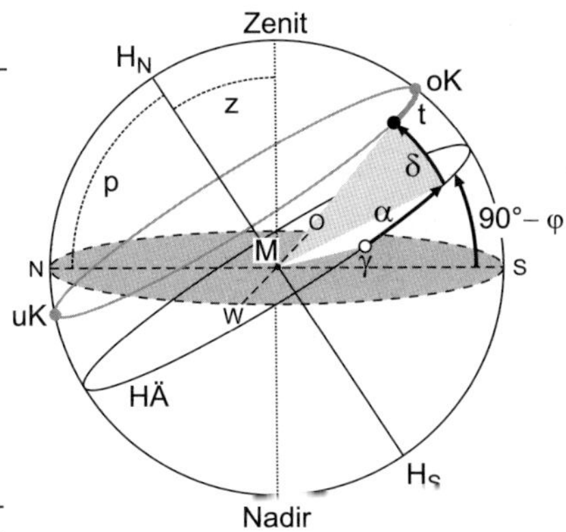

Grundlegende Größen

- Horizontebene mit Mittelpunkt M und den vier Himmelsrichtungen N, O, S, W
- Himmelspole H_N und H_S
- Zenit (Z) und Nadir: Punkte der Himmelskugel exakt oberhalb bzw. unterhalb des Beobachters
- Meridian: Äußerer Kreis durch N, H_N und Z
- Himmelsäquator HÄ: Projektion des Erdäquators in die Himmelskugel
- Kulmination: höchste (obere K., oK) oder tiefste (untere K., uK) tägliche Lage eines Sterns auf seiner scheinbaren Himmelsbahn
- Polhöhe p: Winkel $\sphericalangle NMH_N$
- Zenitdistanz z: Winkel $\sphericalangle H_NMZ$

Koordinaten

- Höhenwinkel h: entspricht der Winkeldifferenz $90° - \varphi$ (φ: geografische Breite des Beobachters); Angabe in Winkelgrad
- Stundenwinkel t: Winkel zwischen Meridian und Stern, gemessen in westliche Richtung; Angabe in Zeiteinheiten (h, min, s) als Zeit, die vergangen ist, seitdem der Stern die oK hinter sich gelassen hat.
- Rektaszension α: Winkel zwischen dem Frühlingspunkt γ und dem Stern, gemessen in östliche Richtung; Angabe in Zeiteinheiten
- Deklination δ: Winkel zwischen dem Himmelsäquator und dem Stern, gemessen positiv in nördliche Richtung, negativ in südliche Richtung; Angabe in Winkelgrad

Koordinatensysteme

- Horizontsystem: h und t (beide ortsabhängig)
- Festes Äquatorialsystem: δ (ortsunabhängig) und t (ortsabhängig)
- Bewegtes Äquatorialsystem: δ und α (beide ortsunabhängig)

Scheinbare Himmelskugel: Wichtige Zusammenhänge

- $p + z = 90°$
- $\varphi = p$
- $oK = \delta + 90° - \varphi$ und $uK = \delta - 90° + \varphi$
- Falls ok < 0°, ist der Stern nicht sichtbar;
  falls uK > 0°, handelt es sich um einen **Zirkumpolarstern**.

Arkturus im Sternbild Bootes kulminierte vor 3 Stunden und 45 Minuten, der Frühlingspunkt vor 18 Stunden. Die Deklination von Arkturus beträgt +19,2°, die beobachtete geografische Breite beträgt 48°.

1. Welche Rektaszension hat Arkturus?
2. Berechnen Sie die obere und die untere Kulminationshöhe. Entscheiden Sie, ob es sich am Beobachtungsort um einen Zirkumpolarstern handelt.

Lösung:

1. $\alpha = 18\,h - 3\,h\,45\,min = 14\,h\,15\,min$
2. $oK = 19{,}2° + 90° - 48° = 61{,}2°$
   $uK = 19{,}2° - 90° + 48° = -22{,}8° < 0° \Rightarrow$ kein Zirkumpolarstern

12.2 Planeten

Grundlagen: Kepler'sche Gesetze, Newton'sches Gravitationsgesetz

Kepler'sche Gesetze

1. Ellipsensatz: Die Bahnen der Planeten sind Ellipsen, in deren gemeinsamen Brennpunkt die Sonne steht.
2. Flächensatz: Die von der Sonne zum Planeten gezogene Strecke überstreicht in gleichen Zeitintervallen gleiche Flächen.
3. Die Quadrate der Umlaufzeiten zweier Planeten verhalten sich wie die Kuben der zugehörigen großen Halbachsen:
   $\frac{T_1^2}{T_2^2} = \frac{a_1^3}{a_2^3}$ oder $\frac{T^2}{a^3} = \textbf{konst.}$

Folgerung aus dem Flächensatz: Die Planeten bewegen sich im sonnennächsten Punkt (**Perihel**) am schnellsten, im sonnenfernsten Punkt (**Aphel**) am langsamsten.

Zusammenhänge an der Kepler-Ellipse

a/b: große/kleine Halbachse
e: lineare Exzentrizität

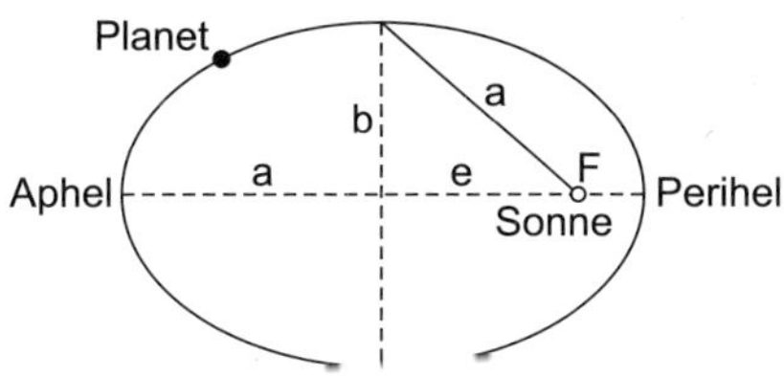

Im Brennpunkt F gilt:
$a^2 = b^2 + e^2$

Numerische Exzentrizität:
$\varepsilon = \frac{e}{a}$

Perihelentfernung: $r_P = a - e$
Aphelentfernung: $r_A = a + e$

Gravitationsgesetz

Die Kraft, mit der sich zwei Körper gegenseitig anziehen, beträgt:

$$F_G = G \cdot \frac{m \cdot M}{r^2}$$

m, M: Massen der beiden Körper
r: Abstand der beiden Körper
G: Gravitationskonstante ($G = 6{,}674 \cdot 10^{-11} \frac{m^3}{kg \cdot s^2}$)

Zweikörperproblem
Zwei Himmelskörper kreisen um den gemeinsamen Schwerpunkt. Was lässt sich über ihre Massen m und M aussagen?

Lösung:

Fall 1: $M \gg m$
Der Schwerpunkt fällt praktisch mit dem Mittelpunkt des schwereren Körpers zusammen, sodass sich M über den Kraftansatz „Gravitationskraft = Zentripetalkraft" bestimmen lässt:

$$F_G = F_Z \quad \Leftrightarrow \quad G \cdot \frac{m \cdot M}{r^2} = m \cdot r \cdot \left(\frac{2\pi}{T}\right)^2 \quad \Rightarrow \quad M = \frac{4\pi^2}{G} \cdot \frac{r^3}{T^2}$$

Hinweis: Damit ist für diesen Fall die Konstante aus dem 3. Kepler-Gesetz zu $\frac{4\pi^2}{G \cdot M}$ bestimmt.

Fall 2: $M \cong m$
Kann man die Masse m *nicht* gegenüber der Masse M vernachlässigen, verwendet man die **Erweiterung des 3. Kepler-Gesetzes**:

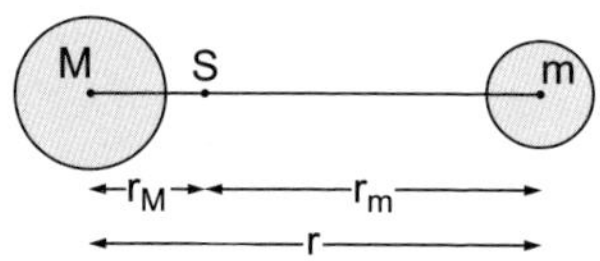

$$\frac{T^2}{r^3} = \frac{4\pi^2}{G \cdot (m+M)} \quad \Rightarrow \quad m + M = \frac{4\pi^2}{G} \cdot \frac{r^3}{T^2}$$

Dabei gilt das Hebelgesetz $M \cdot r_M = m \cdot r_m$ mit $r = r_M + r_m$.

Kenngrößen der Bahnbewegung

Beim Umlauf eines Planeten um die Sonne kommt es bzgl. seiner relativen Stellung zu Erde und Sonne zu **besonderen Konstellationen** abhängig davon, ob es sich um einen inneren oder äußeren Planeten handelt:

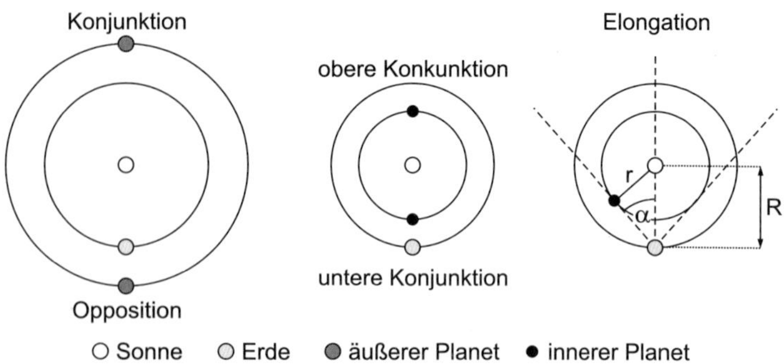

- Der **maximale Elongationswinkel** beträgt (vgl. Abbildung):
  $\sin \alpha_{max} = \frac{r}{R}$
- **Innere Planeten** müssen einen möglichst großen Elongationswinkel zur Sonne aufweisen, um sie am Morgen- bzw. Abendhimmel beobachten zu können.
- **Äußere Planeten** lassen sich am besten in **Opposition** beobachten.

Betrachtet man die Bewegungen der Planeten im heliozentrischen System, sind die Bahnen Ellipsen. Aus geozentrischer Sicht beobachtet man bei den Planeten Bahnen sog. Oppositionsschleifen.

Umlaufzeiten

- **Siderisch (T_{sid}):** Zeit, die der Planet (oder Mond) für einen vollen Umlauf vor dem Sternenhintergrund benötigt.
- **Synodisch (T_{syn}):** Zeit, die der Planet (oder Mond) von einer Oppositionsstellung bzw. Konjunktionsstellung zur nächsten braucht.

T_{sid} und T_{syn} hängen mit der siderischen Umlaufzeit T_E der Erde zusammen:

$$\frac{1}{T_{sid}} = \frac{1}{T_E} \pm \frac{1}{T_{syn}}$$

Dabei gilt „–" für äußere Planeten, „+" für innere Planeten.

Scheinbarer Durchmesser

Für den scheinbaren Winkeldurchmesser α (in Bogensekunden) eines Himmelskörpers gilt:

$$\frac{\alpha}{360 \cdot 3600''} = \frac{d}{2\pi \cdot r}$$

d: realer Durchmesser
r: Entfernung zur Erde

Ein Körper, der sich auf einer **Kreisbahn** um einen Zentralkörper bewegt, besitzt die **kinetische Energie** (Kraftansatz)

$$F_Z = F_G \quad \Leftrightarrow \quad m \cdot \frac{v^2}{r} = G \cdot \frac{m \cdot M}{r^2} \quad \Rightarrow \quad E_{kin} = \frac{1}{2} m \cdot v^2 = \frac{G \cdot m \cdot M}{2r}$$

und die **potenzielle Energie** $E_{pot} = -\frac{G \cdot m \cdot M}{r}$ (Herleitung aus dem Gravitationsgesetz).

Seine **Gesamtenergie** beträgt dann

$$E_{Kreis} = E_{kin} + E_{pot} = \frac{G \cdot m \cdot M}{2r} - \frac{G \cdot m \cdot M}{r} = -\frac{G \cdot m \cdot M}{2r}.$$

Bewegt sich der Körper auf einer **Keplerellipse**, gilt diese Formel weiterhin, wenn man den Radius r durch die große Halbachse a ersetzt:

$$E_{Ellipse} = -\frac{G \cdot m \cdot M}{2a}$$

Die **Bahngeschwindigkeit** längs der Ellipse ergibt sich dann zu:

$$v(r) = \sqrt{G \cdot M \cdot \left(\frac{2}{r} - \frac{1}{a}\right)} \qquad (*)$$

Hinweise:

- Für a = r liefert (*) mit
  $$v = \sqrt{\frac{G \cdot M}{r}}$$
  die **1. kosmische Geschwindigkeit** (Kreisbahngeschwindigkeit).
- Für $a \to \infty$ liefert (*) mit
  $$v = \sqrt{\frac{2G \cdot M}{r}}$$
  die **2. kosmische Geschwindigkeit** (Fluchtgeschwindigkeit), die der Körper mindestens benötigt, um das Gravitationsfeld des Zentralkörpers zu überwinden.
- Die energiegünstigste Bahn zwischen zwei Planeten ist die sog. **Hohmannbahn**. Dabei gilt:
  $$a_{Hohmann} = \frac{1}{2} \cdot \left(a_{P_1} + a_{P_2}\right)$$
  Die halbe Umlaufzeit (mithilfe des 3. Kepler'schen Gesetzes berechenbar) entspricht der Reisezeit.

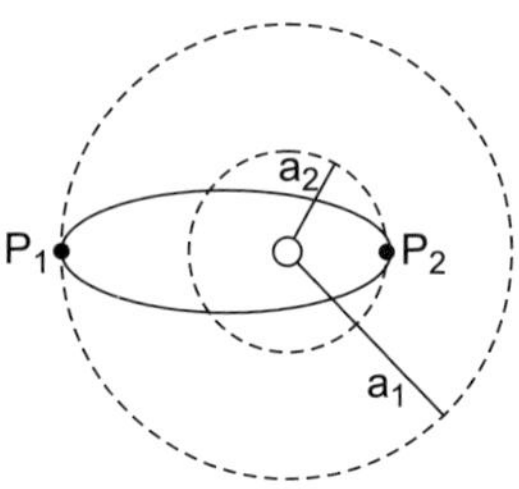

Weitere typische Aufgabenstellungen

- Aufbau eines Kometen mit Angabe zum Kometenkern (Größe: ca. 10 km · 10 km · 10 km), zur Koma (Radius: ca. 50000 km) und zum Schweif (Länge: einige Millionen Kilometer)
- Herkunft von Planeten: Oort'sche Wolke; Kuipergürtel
- Rechnungen zu Kleinplaneten und Plutoiden
- Finsternisse durch Planeten und Trabanten (Größenabschätzungen mit dem Strahlensatz)

12.3 Die Sonne

Die Sonne – ein Schwarzer Strahler

Informationen über die Sonne → Linienspektrum (vgl. Kap. 8.1, S. 51)

Spektren: Wichtige Zusammenhänge

1. Grundgleichung der Wellenlehre:
   $c = \lambda \cdot f$ mit c: Lichtgeschwindigkeit; f: Frequenz; λ: Wellenlänge
2. Energie eines Photons:
   $E = h \cdot f$ mit $h = 4{,}136 \cdot 10^{-15}$ eVs: Planck'sches Wirkungsquantum
3. Impuls eines Photons:
   $p = \frac{h}{\lambda}$
4. Serienformel des Wasserstoffspektrums (R: Rydberg-Konstante):
   $\frac{1}{\lambda_{mn}} = R \cdot \left(\frac{1}{n^2} - \frac{1}{m^2}\right)$, $m, n \in \mathbb{N}$; $m > n$; $R = 1{,}097 \cdot 10^7 \frac{1}{m}$

Für n = 2 erhält man für das Wasserstoffatom die Balmer-Serie.
Berechnen Sie die Wellenlängen der 1. und der 4. Linie.
Welche Farbe hat das jeweilige Licht?
Welche Energie gehört zu Photonen dieser Wellenlängen?

Lösung: Für n = 2 lautet die Serienformel

$$\frac{1}{\lambda_{m2}} = R \cdot \left(\frac{1}{4} - \frac{1}{m^2}\right).$$

Die 1. Linie ergibt sich für m = n + 1 = 2 + 1 = 3 bei

$$\frac{1}{\lambda_{32}} = R \cdot \left(\frac{1}{4} - \frac{1}{9}\right) = 1{,}097 \cdot 10^7 \frac{1}{m} \cdot \frac{5}{36} = 1{,}524 \cdot 10^6 \frac{1}{m} \Rightarrow \lambda_{32} = 656\,\text{nm},$$

die 4. Linie für m = n + 4 = 2 + 4 = 6 bei

$$\frac{1}{\lambda_{62}} = R \cdot \left(\frac{1}{4} - \frac{1}{36}\right) = 1{,}097 \cdot 10^7 \frac{1}{m} \cdot \frac{2}{9} = 2{,}439 \cdot 10^6 \frac{1}{m} \Rightarrow \lambda_{62} = 410\,\text{nm}.$$

Sie liegen im roten (λ_{32}) bzw. violetten (λ_{62}) Bereich des Spektrums.
Die zugehörigen Energien werden mit den Formeln 1 und 2 berechnet:

$$E \overset{2}{=} h \cdot f \overset{1}{=} h \cdot \frac{c}{\lambda} \Rightarrow \begin{cases} E_{32} = 4{,}136 \cdot 10^{-15}\,\text{eVs} \cdot \dfrac{3{,}00 \cdot 10^8 \frac{m}{s}}{656 \cdot 10^{-9}\,m} = 1{,}9\,\text{eV} \\ E_{62} = 4{,}136 \cdot 10^{-15}\,\text{eVs} \cdot \dfrac{3{,}00 \cdot 10^8 \frac{m}{s}}{410 \cdot 10^{-9}\,m} = 3{,}0\,\text{eV} \end{cases}$$

Die Sonne ist ein **Schwarzer Strahler**. Informationen über Temperatur eines solchen Strahlers oder die spektrale Verteilung seiner Strahlung (zuerst berechnet von Planck) erhält man aus den Strahlungsgesetzen.

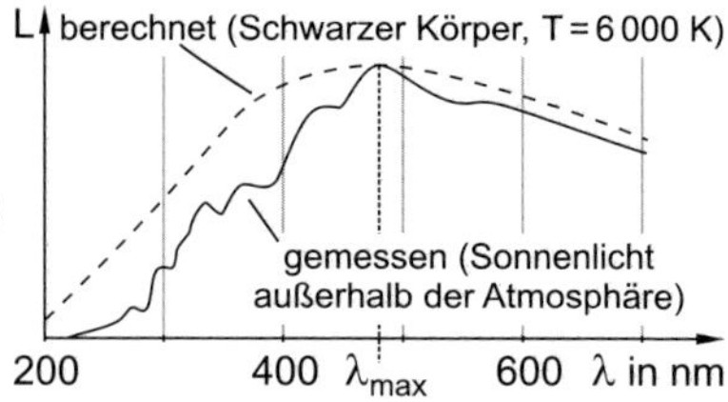

Strahlungsgesetze

- Gesetz von Wien (Wien'sches Verschiebungsgesetz):
  $\boldsymbol{\lambda_{max} \cdot T = 2{,}9 \cdot 10^{-3}\ m \cdot K}$
- Gesetz von Stefan und Boltzmann:
  $\boldsymbol{L = \sigma \cdot A \cdot T^4}$

λ_{max}: Wellenlänge, bei der die Strahlungskurve ihr Maximum erreicht
T: Oberflächentemperatur des Sterns
L: Leuchtkraft des Sterns (Strahlungsleistung)
A: Sternoberfläche ($A = 4\pi \cdot R^2$, R: Sternradius)
σ: Stefan-Boltzmann-Konstante ($\sigma = 5{,}6705 \cdot 10^{-8} \frac{W}{m^2 \cdot K^4}$)

Die Oberflächentemperatur der Sonne, deren Strahlungsmaximum bei ca. 500 nm liegt (gelb-grüner Bereich), ist nach dem Gesetz von Wien:

$$T = \frac{2{,}9 \cdot 10^{-3}\ m \cdot K}{\lambda_{max}} = \frac{2{,}9 \cdot 10^{-3}\ m \cdot K}{500 \cdot 10^{-9}\ m} = 5800\ K$$

Grunddaten zur Sonne

- **Sonnenradius:** $R_\odot = 6{,}96 \cdot 10^5\ km$. *Messbar* über den scheinbaren Sonnenradius bzw. über die Zeit, die die Sonne benötigt, um an der scheinbaren Himmelskugel ihren Radius zurückzulegen.
- **Sonnenmasse:** $M_\odot = 2{,}0 \cdot 10^{30}\ kg$. *Messbar* mithilfe der Bewegungsdaten der Erde und dem 3. Kepler'schen Gesetz.
- **Mittlere Sonnendichte:** $\overline{\rho}_\odot = 1{,}4 \frac{kg}{dm^3}$ (aus $\rho_\odot = \frac{m_\odot}{V_\odot} = \frac{3m_\odot}{4\pi \cdot R_\odot^3}$)
- **Schwerebeschleunigung:** $a_\odot = 2{,}7 \cdot 10^2 \frac{m}{s^2}$ (aus dem Ansatz $F_{Gewicht} = F_{Gravitation}$)
- **Solarkonstante:** $S = 1{,}35 \frac{kW}{m^2}$. Strahlungsleistung der Sonne im Abstand 1 AE. *Messbar* an einem Körper definierter Eigenschaften

(Masse, Fläche, Material), der die eingestrahlte Energie in einem festen Zeitintervall Δt absorbiert): $S = \frac{\Delta Q}{\Delta t \cdot A} = \frac{c \cdot m \cdot \Delta\vartheta}{\Delta t \cdot A}$, mit c: spezifische Wärmekapazität des Körpers; $\Delta\vartheta$: Temperaturanstieg in °C.

- **Leuchtkraft:** $L_\odot = 3{,}82 \cdot 10^{26}\,\mathrm{W}$. *Berechenbar* aus der Solarkonstanten durch Multiplikation mit der bestrahlten Fläche in der Entfernung 1 AE: $L_\odot = S \cdot 4\pi \cdot (1\,\mathrm{AE})^2$.

Strahlungsgleichgewicht

Kommt bei einem Himmelskörper (z. B. einem Planeten) die Strahlung eines Sterns (z. B. der Sonne) an, so wird ein Teil reflektiert; dieser Anteil in Prozent heißt **Albedo**. Der andere Teil der Strahlung wird absorbiert und verändert dadurch die Temperatur auf dem Himmelskörper. Verteilt der Stern die absorbierte Energie durch Rotation gleichmäßig über sich, entsteht ein Strahlungsgleichgewicht mit einer charakteristischen Gleichgewichtstemperatur dieses Körpers.

Berechnen Sie die durchschnittliche Oberflächentemperatur des Planeten X (Abstand r zur Sonne, Radius R, Albedo A) unter der Annahme, dass sich X im Strahlungsgleichgewicht befindet.

Lösung:

Aufgenommene Leistung (absorbierende Fläche: Planetenquerschnitt):

$$P_{auf} = \underbrace{\frac{L_\odot}{4\pi \cdot r^2}}_{\text{„Solar-konstante"}} \cdot \underbrace{(1-A)}_{\text{absorbierter Anteil}} \cdot \underbrace{R^2 \cdot \pi}_{\text{absorbierende Fläche}}$$

Abgegebene Energie (nach Stefan und Boltzmann):

$$P_{ab} = \sigma \cdot 4\pi \cdot R^2 \cdot T^4$$

Oberflächentemperatur:

$$P_{ab} = P_{auf} \quad \Rightarrow \quad T = \sqrt[4]{\frac{L_\odot \cdot (1-A)}{16\pi \cdot \sigma \cdot r^2}}$$

Energieerzeugung der Sonne

Die Sonne erzeugt ihre Energie durch **Kernfusion** von Wasserstoff zu Helium. Die ablaufende Kernreaktion hat die **Prinzipgleichung**:

$$4 \cdot {}^1_1\mathrm{H} \rightarrow {}^4_2\mathrm{He} + 2 \cdot {}^0_1\mathrm{e} + 2\nu + 26\,\mathrm{MeV}$$

Die bei Fusionsreaktionen als Folge der Kernbindung freiwerdende Energie ΔE entspricht gemäß der Einstein'schen Masse-Energie-Äquivalenz $E = m \cdot c^2$ dem **Massendefekt**, also der Massendifferenz Δm zwischen dem Endkern und den Ausgangskernen. Für Helium-4, dessen Kern aus je zwei Protonen (p) und Neutronen (n) besteht, gilt:

$$\Delta E = \Delta m \cdot c^2 = (2m_p + 2m_n - m_{He}) \cdot c^2$$

Bestimmen Sie die Energie, die bei der Fusion von 1 kg He-4 entsteht ($m_{He} = 4{,}001506\ u$; $1u = 1{,}66054 \cdot 10^{-27}\ kg$).

Lösung: Energie pro Einzelreaktion

$$\Delta E = \Delta m \cdot c^2 = (2 \cdot 1{,}007276\ u + 2 \cdot 1{,}008665\ u - 4{,}001506\ u) \cdot c^2$$
$$= 0{,}030376\ u \cdot c^2 = 0{,}030376 \cdot 931{,}49\ MeV = 28{,}3\ MeV$$

Gesamtenergie:

$$1\ kg\ He\ enthält\ \frac{1\ kg}{4{,}001506\ u} = \frac{1\ kg}{6{,}644661 \cdot 10^{-27}\ kg} = 1{,}505 \cdot 10^{26}\ Atome$$

$$\Rightarrow\ \Delta E_{ges} = 1{,}505 \cdot 10^{26} \cdot 28{,}3\ MeV = 4{,}26 \cdot 10^{27}\ MeV = 6{,}82 \cdot 10^{14}\ J$$

Weitere typische Aufgabenstellungen

Gehen Sie von Kernfusion bei der Sonne aus. Vier Wasserstoffkerne bilden einen He-Kern, wobei 26 MeV pro Reaktionszyklus entstehen.

1. Wie viele Zyklen laufen pro Sekunde ab?

   Lösung: $L_\odot = 3{,}82 \cdot 10^{26}\ W$. Zahl der Zyklen pro Sekunde:

   $$N = \frac{L_\odot}{26\ MeV} = \frac{3{,}82 \cdot 10^{26}\ W}{4{,}2 \cdot 10^{-12}\ J} = 9{,}1 \cdot 10^{37}\ \frac{1}{s}$$

2. Welche Masse an Helium wird erzeugt?

   Lösung:

   $$m = N \cdot m_{He} = 9{,}1 \cdot 10^{37}\ \frac{1}{s} \cdot 4{,}001506 \cdot 1{,}66 \cdot 10^{-27}\ kg = 6{,}0 \cdot 10^{11}\ \frac{kg}{s}$$

3. Die Sonnenmasse bestand anfangs aus 70 % Wasserstoff. Im Laufe der sog. Entwicklungszeit $\tau_\odot$ werden davon ca. 10 % fusioniert. Schätzen Sie $\tau_\odot$ rechnerisch ab. Gehen Sie dabei davon aus, dass die Sonne mit konstanter Leuchtkraft abstrahlt.

   Lösung:

   $$\tau_\odot = \frac{0{,}70 \cdot 0{,}10 \cdot M_\odot}{m} = 0{,}07 \cdot \frac{2{,}0 \cdot 10^{30}\ kg}{6{,}0 \cdot 10^{11}\ \frac{kg}{s}} = 2{,}33 \cdot 10^{17}\ s = 7{,}4 \cdot 10^{9}\ a$$

Aufbau der Sonne

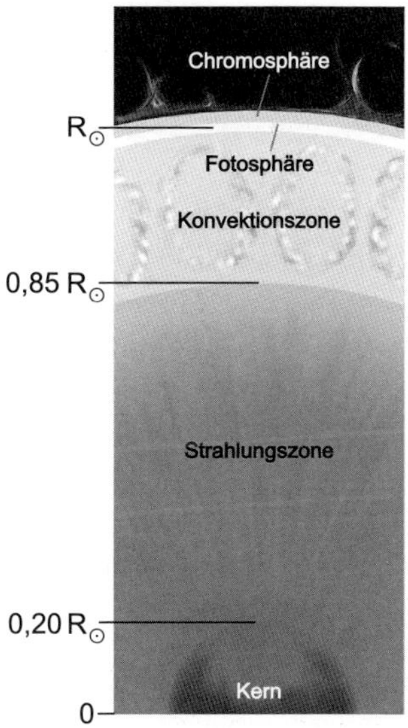

Von innen nach außen:

- Heliumkern
- Strahlungszone: Energieübertragung über Strahlung; Wasserstoff
- Konvektionszone: Energietransport durch aufsteigende heiße Gase
- Fotosphäre: sichtbar;
  T: 7 500 K – 4 500 K; Dicke ≈ 400 km;
  Struktur: Granulation (aufgrund aufsteigender heißer Gase)
- Chromosphäre:
  T: 4 500 K – 100 000 K;
  Dicke ≈ 10 000 km; sichtbar nur bei verdeckter Fotosphäre, geringe Dichte
- Korona: führt in den interplanetaren Raum über;
  T: 1 000 000 K – 6 000 000 K;
  Energie aus magnetischen Vorgängen in der Sonne, sichtbar nur mit einem Koronografen oder bei Sonnenfinsternis

1. **Abschätzen des Drucks im Inneren der Sonne:** Grundbedingung für Stabilität liefert den Ansatz „Druckkraft = Gravitationskraft". Vereinfachend teilt man die Sonne in zwei Hälften mit jeweils der halben Sonnenmasse (Schnittfläche $A = R_\odot^2 \cdot \pi$).

   Druckkraft:

   $$p = \frac{F}{A} \Rightarrow F = p \cdot A = p \cdot R_\odot^2 \cdot \pi$$

   Gravitationskraft:

   $$F_G = G \cdot \left(\frac{M_\odot}{2}\right)^2 \cdot \frac{1}{R_\odot^2} = \frac{G \cdot M_\odot^2}{4R_\odot^2}$$

   Gleichsetzen:

   $$F = F_G \Leftrightarrow p \cdot R_\odot^2 \cdot \pi = \frac{G \cdot M_\odot^2}{4R_\odot^2} \Rightarrow p = \frac{G \cdot M_\odot^2}{4\pi \cdot R_\odot^4} \approx 10^{14}\ \text{Pa}$$

   Der tatsächliche Druck im Zentrum der Sonne beträgt 10^{16} Pa.

2. **Abschätzen der Temperatur im Inneren der Sonne:** Ansatz Gleichung für ideales Gas: $p \cdot V = N \cdot k \cdot T$. Dabei handelt es sich beim Sonneninneren um ein Plasma: Aufgrund der hohen Temperatur, bei der Kernfusion überhaupt erst möglich ist (> 5 Mill. K), sind alle H-Atome vollständig ionisiert. Für die Anzahl N der Teilchen gilt unter der Annahme, dass die Sonne überwiegend aus H-Atomen besteht, $N = \frac{M_\odot}{m_H}$. Das Volumen ergibt sich zu $V = \frac{M_\odot}{\rho_\odot}$. Löst man die Gasgleichung nach T auf und setzt den in Beispiel 1 berechneten Druck ein, ergibt sich mit $\rho_\odot = 1{,}4 \cdot 10^3 \frac{kg}{m^3}$:
$$T = \frac{p \cdot V}{k \cdot N} = \frac{p \cdot M_\odot \cdot m_H}{k \cdot M_\odot \cdot \rho_\odot} = \frac{p \cdot m_H}{k \cdot \rho_\odot} \approx 9 \cdot 10^6\ K$$
Tatsächlich übersteigt die Innentemperatur einen Wert von 15 Millionen Kelvin. Deswegen kann die Sonne bei der Fusion von Wasserstoff neben dem **p-p-Zyklus** auch gemäß **CNO-Zyklus** fusionieren (die Elemente C, N und O kommen in der Sonne vor).

Sonnenaktivität (zeitlich veränderliche Erscheinungen)

- **Protuberanzen:** Gaseruptionen aus der Sonne. Sie verlassen die Sonne mit großer Geschwindigkeit und steigen bis zu einer Höhe von 1 Mill. km über der Sonnenoberfläche auf.
  - Ruhende Protuberanzen dauern oft mehrere Monate.
  - Eruptive Protuberanzen dauern Minuten oder Stunden.
  - Filamente: dunkle Linien auf der hellen Sonnenscheibe (Protuberanz von oben)
- **Flares:** Ausbrüche elektromagnetischer Strahlung (Röntgen, UV)
- **Sonnenfackeln:** hell faserige Aufhellungen in der Chromosphäre
- **Sonnenflecken:** dunkle Stellen auf der Sonnenoberfläche, die zeitlich variieren. Dunkler Kern: Umbra; strukturierter Hof: Penumbra. Die Temperatur in einem Sonnenfleck ist 600–1000 K geringer als die übliche Oberflächentemperatur der Sonne.
- **Sonnenwind:** Die Sonne verlässt ein Strom von Teilchen, überwiegend Protonen und Elektronen. Durch die hohe Temperatur in der Korona erreichen die Teilchen die Fluchtgeschwindigkeit und gelangen so in den interplanetaren Raum. Treffen sie dabei auf das Erdmagnetfeld, werden die geladenen Teilchen abgelenkt, gelangen bei den Erdpolen in die Atmosphäre und erzeugen hier durch Anregung der Luftmoleküle die **Polarlichter**.

Im Sonnenfleckenmaximum kann man viele Sonnenflecken auf der Sonnenoberfläche erkennen.

1. Kann man einen Sonnenfleck mit einer Größe von ca. 10^5 km bei günstigen Bedingungen ohne Fernrohr (jedoch mit geschützten Augen!) erkennen, wenn das Auflösungsvermögen ungefähr 1' beträgt?

   Lösung: Ja, denn bei einer Entfernung des Sonnenflecks von $1\,\text{AE} = 1{,}5 \cdot 10^8$ km beträgt der scheinbare Durchmesser:

   $$\frac{\alpha}{360 \cdot 60'} = \frac{d}{2\pi \cdot r} \quad \Rightarrow \quad \alpha = \frac{d \cdot 21600'}{2\pi \cdot r} = \frac{10^5\,\text{km} \cdot 21600'}{2\pi \cdot 1{,}5 \cdot 10^8\,\text{km}} = 2{,}3' > 1'$$

2. Schildern Sie, wie man mit einfachen Mitteln die Dauer der Rotation der Sonne abschätzen kann.

   Lösung: Man beobachtet Sonnenflecken mit einem Fernrohr (am besten in Projektion) und hält die Lage der Flecken über mehrere Tage ($t = 7$–10 Tage) in einer Zeichnung fest. Haben sich die beobachteten Sonnenflecken um einen Winkel α weiterbewegt, kann man die Rotationsdauer zu $T = \frac{360'}{\alpha} \cdot t$ abschätzen.

Weitere typische Aufgabenstellungen

- Berechnung der (differenziellen) Sonnenrotation: Abhängigkeit der Rotationsgeschwindigkeit vom Sonnenbreitengrad
  → Beobachtung der Sonnenflecken
- Sonnenzyklen:
  - Welche Diagramme können gezeichnet werden?
    → Fleckenrelativzahl; Schmetterlingsdiagramm
  - Wie lange dauert ein Sonnenfleckenzyklus?
    → 11 Jahre; mit Polarität 22 Jahre

13 Fixsterne – Galaxien – Kosmologie

Anwendungsgebiete:

❶ Grundlegende Messungen an Fixsternen: Entfernung (Trigonometrische Parallaxe, Entfernungsmodul), Geschwindigkeit (Parallaxe, Dopplereffekt), Temperatur (HRD), Radius (L-R-T-Beziehung), Masse (M-L-Beziehung)

❷ Sternentwicklung: Beschreibung von Sterngeburt und -ende, Bestimmung der Verweildauer von Hauptreihensternen, Klassifikation veränderlicher Sterne (p-M-Beziehung, Supernovae)

❸ Galaxien: Aufbau der Milchstraße, Kugelsternhaufen

❹ Kosmologie: Alter des Universums (Hubble-Gesetz), Urknall

13.1 Grundlegende Kenndaten von Fixsternen

Entfernungsbestimmung mittels trigonometrischer Parallaxe

Grundlage ist die Bewegung der Erde um die Sonne. Für den (stets sehr kleinen) **Parallaxenwinkel p** gilt:

$$p \overset{p \leq 1''}{=} \tan p = \frac{1\,\text{AE}}{r}$$

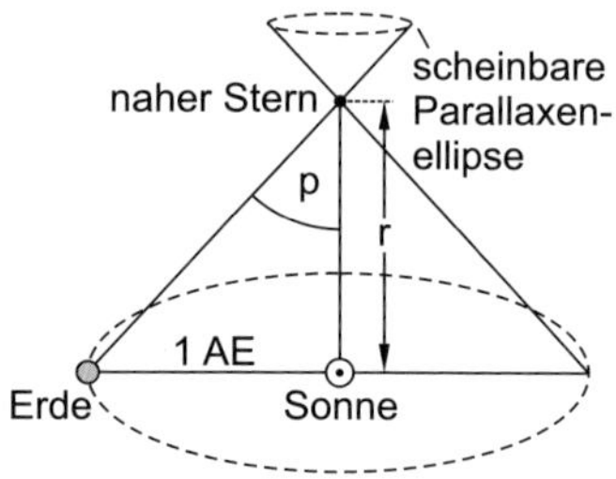

Speziell bezeichnet man die zum Winkel p = 1" gehörende Entfernung als 1 pc (Parallaxensekunde, abgekürzt: Parsec), wobei gilt:

$1\,\text{pc} = 3{,}26\,\text{ly} = 206\,265\,\text{AE} = 3{,}09 \cdot 10^{16}\,\text{m}$

Die Parallaxe eignet sich dafür, die Entfernung zu „nahe gelegenen“ Sternen zu messen, indem man die Identität $1\,\text{AE} = p \cdot r = 1'' \cdot 1\,\text{pc}$ nutzt:

Trigonometrische Parallaxe
Die Entfernung eines Sterns von der Sonne in Parsec ergibt sich aus seinem in Bogensekunden gemessenen Parallaxenwinkel p zu

$$\frac{\mathbf{r}}{\mathbf{1\,pc}} = \frac{\mathbf{1''}}{\mathbf{p}}.$$

Bewegungen der Fixsterne an der scheinbaren Himmelskugel

Man unterscheidet dabei anhand der auftretenden Geschwindigkeitskomponenten:

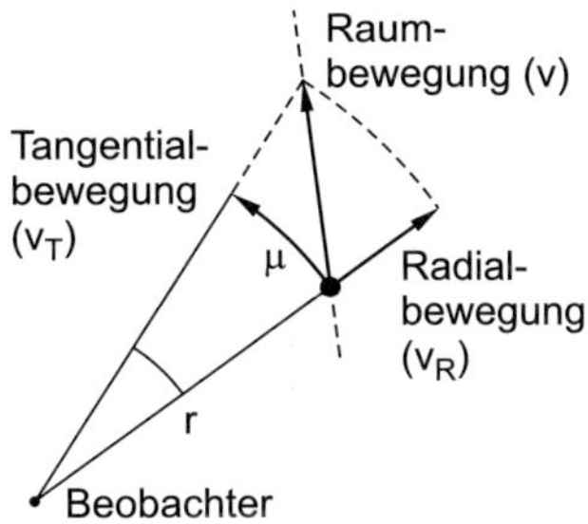

- Die **tangentiale** Geschwindigkeit v_T wird über den sehr kleinen Winkel μ berechnet, der die pro Jahr zurückgelegte Winkeldistanz angibt:

  $$v_T = r \cdot \frac{\mu}{1\,a} = \frac{1\,AE}{p} \cdot \frac{\mu}{1\,a} = \frac{\mu}{p} \cdot \frac{1\,AE}{1\,a}$$

  $$= \frac{\mu}{p} \cdot 4{,}74\,\frac{km}{s}$$

- Die **radiale** Geschwindigkeit misst man mittels Dopplereffekt:

  $$\frac{v_R}{c} = \frac{\Delta\lambda}{\lambda}$$

  c: Lichtgeschwindigkeit; λ: Laborwellenlänge; $\Delta\lambda = \lambda' - \lambda$
  $\lambda' > \lambda$: v positiv, Stern entfernt sich $\rightarrow$ Rotverschiebung
  $\lambda' < \lambda$: v negativ, Stern nähert sich $\rightarrow$ Blauverschiebung

  Achtung: Verwenden Sie die Gleichung für den Dopplereffekt immer mit der Wellenlänge! Sollte eine Frequenz gegeben sein, rechnen Sie diese zunächst in die Wellenlänge um.

- Die **gesamte** Geschwindigkeit v berechnet man mit dem Satz von Pythagoras:

  $$v = \sqrt{v_T^2 + v_R^2}$$

1. Arcturus hat eine Entfernung von 36,7 ly.
   Berechnen Sie die Parallaxe des Sterns.
2. Die Radialgeschwindigkeit von Arcturus beträgt $-5{,}2\,\frac{km}{s}$.
   Berechnen Sie, bei welcher Wellenlänge die H_β-Linie zu finden ist (Laborwellenlänge: 486,132 nm).
3. Die Gesamtgeschwindigkeit von Arcturus ist vergleichsweise hoch: Sie beträgt $122\,\frac{km}{s}$.
   Berechnen Sie die jährliche Eigenbewegung μ von Arcturus in $\frac{''}{a}$.

Lösung:

1. Umrechnung ly in pc: $36{,}7\ \text{ly} = \frac{36{,}7}{3{,}26}\ \text{pc} = 11{,}3\ \text{pc}$

   Parallaxenformel: $p = \frac{1''}{11{,}3} = 0{,}089''$

2. Dopplereffekt:

   $$\frac{v_R}{c} = \frac{\Delta\lambda}{\lambda} \Rightarrow \Delta\lambda = \lambda \cdot \frac{v_R}{c} = 486{,}132\ \text{nm} \cdot \frac{-5{,}2\ \frac{\text{km}}{\text{s}}}{3{,}0 \cdot 10^5\ \frac{\text{km}}{\text{s}}} = -0{,}0084\ \text{nm}$$

   $$\Rightarrow \lambda' = \Delta\lambda + \lambda = -0{,}0084\text{nm} + 486{,}132\ \text{nm} = 486{,}124\ \text{nm}$$

3. Pythagoras:

   $$v = \sqrt{v_T^2 + v_R^2}$$

   $$\Rightarrow v_T = \sqrt{v^2 - v_R^2} = \sqrt{122^2 - (-5{,}2)^2}\ \frac{\text{km}}{\text{s}} = 121{,}9\ \frac{\text{km}}{\text{s}}$$

   μ-Formel für die Tangentialgeschwindigkeit:

   $$v_T = \frac{\mu}{p} \cdot 4{,}74\ \frac{\text{km}}{\text{s}} \Rightarrow \mu = \frac{v_T}{4{,}74\ \frac{\text{km}}{\text{s}}} \cdot p = \frac{121{,}9}{4{,}74} \cdot 0{,}089'' = 2{,}29''$$

   Arctururs bewegt sich pro Jahr um 2,29" in tangentiale Richtung.

Sternhelligkeiten

Scheinbare Helligkeit (m)

Sie ist die visuell wahrgenommene (fotografierte) Helligkeit eines Sterns und durch die sog. **Bestrahlungsstärke E** bestimmt, welche die pro Quadratmeter auf der Erde eintreffende Leuchtkraft L (vgl. Kap. 12.3, S. 86) des Sterns angibt (abhängig von der Entfernung r):

$$E = \frac{L}{4\pi \cdot r^2}$$

Unser Auge empfindet eine Verdopplung der Bestrahlungsstärke nicht als doppelt so hell; vielmehr wächst der wahrgenommene Helligkeitseindruck logarithmisch mit der Bestrahlungsstärke.

Scheinbarer Helligkeitsunterschied zweier Sterne

$$\mathbf{m_1 - m_2 = -2{,}5 \cdot lg\left(\frac{E_1}{E_2}\right)}$$

m_1, m_2: scheinbare Helligkeiten der beiden Sterne
E_1, E_2: Bestrahlungsstärken der Sterne am Ort des Beobachters

Achtung: Die Skala verläuft verkehrt herum, $m_1 < m_2$ bedeutet $E_1 > E_2$!

Die beobachtbaren scheinbaren Helligkeiten reichen von –26,7 (Sonne) bis 26 (mit Weltraumteleskopen). Mit bloßem Auge sind Beobachtungen bis zur Helligkeit 6 möglich.

Absolute Helligkeit (M)

Sie ist die scheinbare Helligkeit, welche ein Stern in der Entfernung von 10 pc hätte. Damit erlaubt die absolute Helligkeit es, Sternhelligkeiten zu vergleichen. Wegen $E = \frac{L}{4\pi \cdot r^2}$ und $r_1 = r_2 = 10$ pc folgt:

Absoluter Helligkeitsunterschied zweier Sterne

$$\mathbf{M_1 - M_2 = -2{,}5 \cdot lg\left(\frac{L_1}{L_2}\right)}$$

M_1, M_2: absolute Helligkeiten der beiden Sterne
L_1, L_2: Leuchtkräfte der Sterne

Speziell gilt mit der Sonne als Vergleichsstern:

$$M - M_\odot = -2{,}5 \cdot lg\left(\frac{L}{L_\odot}\right) = -2{,}5 \cdot lg\, L^* \quad \text{mit } L^* = \frac{L}{L_\odot}$$

Vereinbarung: Eine „gesternte" Größe drückt den Wert dieser Größe relativ zur entsprechenden Sonnengröße aus.

Entfernungsbestimmung mittels Helligkeitsmessung

Sie wird möglich, wenn man die scheinbare und die absolute Helligkeit eines Sterns miteinander vergleicht:

$$m - M = -2{,}5 \cdot lg\left(\frac{E_{scheinbar}}{E_{absolut}}\right) = -2{,}5 \cdot lg\left(\frac{\frac{L}{4\pi \cdot r^2}}{\frac{L}{4\pi \cdot (10\text{ pc})^2}}\right) = -2{,}5 \cdot lg\left(\frac{10\text{ pc}}{r}\right)^2$$
$$= 5 \cdot lg\left(\frac{r}{10\text{ pc}}\right)$$

Bei bekannten Helligkeiten kann so die Entfernung eines auch weiter entfernten Sterns (vgl. Parallaxenmethode) berechnet werden.

Entfernungsmodul

$$\mathbf{m - M = 5 \cdot lg\left(\frac{r}{10\text{ pc}}\right)}$$

m, M: scheinbare und absolute Helligkeit des Sterns
r: Entfernung des Sterns

Bestimmung von Temperatur/Radius/Leuchtkraft eines Sterns

Ausgangspunkt: Stefan-Boltzmann-Gesetz (vgl. Kap. 12.3, S. 86). Man setzt das Gesetz einmal für den Stern, einmal für die Sonne an und bildet den Quotienten der Leuchtstärken:

$$L^* = \frac{L}{L_\odot} = \frac{\sigma \cdot 4\pi \cdot R^2 \cdot T^4}{\sigma \cdot 4\pi \cdot R_\odot^2 \cdot T_\odot^4} = \frac{R^2 \cdot T^4}{R_\odot^2 \cdot T_\odot^4} = \frac{R^2}{R_\odot^2} \cdot \frac{T^4}{T_\odot^4} = (R^*)^2 \cdot \left(\frac{T}{T_\odot}\right)^4$$

L-R-T-Beziehung eines Sterns
Für die relativen (auf die Sonne bezogenen) Werte für Leuchtkraft L^*, Radius R^* und Temperatur $T/T_\odot$ eines Sterns gilt:

$$\mathbf{L^* = (R^*)^2 \cdot \left(\frac{T}{T_\odot}\right)^4}$$

Hinweis: Die Sterntemperatur lässt sich über das Strahlungsmaximum auch mit dem Gesetz von Wien berechnen (vgl. Kap. 12.3, S. 86).

1. Alpha Centauri besitzt eine Leuchtkraft von $4{,}0 \cdot 10^{26}$ W und befindet sich in einer Entfernung von 4,3 ly zur Sonne. Berechnen Sie die Bestrahlungsstärke, welche die Erde von Alpha Centauri erhält.
2. Sirius ist 2,7 pc von uns entfernt. Berechnen Sie seine absolute Helligkeit, wenn seine scheinbare Helligkeit –1,43 beträgt.
3. Berechnen Sie mit dem Ergebnis aus 2 die Leuchtkraft von Sirius.
4. Die maximale Wellenlänge der Strahlung von Sirius liegt bei 290 nm. In welchem Spektralbereich liegt diese Wellenlänge? Berechnen Sie die Oberflächentemperatur von Sirius!
5. Berechnen Sie den relativen Radius von Sirius.

Lösung:

1. Mit $r = 4{,}3\ \text{ly} = 4{,}1 \cdot 10^{16}$ m erhält man die Bestrahlungsstärke

$$E = \frac{L}{4\pi \cdot r^2} = \frac{4{,}0 \cdot 10^{26}\ \text{W}}{4\pi \cdot (4{,}1 \cdot 10^{16}\ \text{m})^2} = 1{,}9 \cdot 10^{-08}\ \frac{\text{W}}{\text{m}^2} = 19\ \frac{\text{nW}}{\text{m}^2}.$$

2. Entfernungsmodul:

$$m - M = 5 \cdot \lg\left(\frac{r}{10\ \text{pc}}\right) = 5 \cdot \lg 0{,}27 = -2{,}84$$

$$\Rightarrow \quad M = -1{,}43 - (-2{,}84) = 1{,}41$$

Hinweis: $M > m$ bedeutet, dass die scheinbare Helligkeit größer als die absolute ist, wie es wegen $r < 10$ pc auch sein muss.

3. Absoluter Helligkeitsunterschied Sirius – Sonne ($M_\odot = 4{,}8$):

$$M - M_\odot = -2{,}5 \cdot \lg\left(\frac{L}{L_\odot}\right) \Rightarrow 1{,}41 - 4{,}8 = -2{,}5 \cdot \lg L^* \Rightarrow \frac{-3{,}39}{-2{,}5} = \lg L^*$$

$$\Rightarrow L^* = 10^{1{,}356} = 23$$

Sirius besitzt die 23-fache Sonnenleuchtkraft.

4. Wien'sches Verschiebungsgesetz:

$$\lambda_{max} \cdot T = 2{,}9 \cdot 10^{-3}\,\text{m} \cdot \text{K}$$

$$\Rightarrow T = \frac{2{,}9 \cdot 10^{-3}\,\text{m} \cdot \text{K}}{\lambda_{max}} = \frac{2{,}9 \cdot 10^{-3}\,\text{m} \cdot \text{K}}{290 \cdot 10^{-9}\,\text{m}} = 1{,}0 \cdot 10^4\,\text{K}$$

5. L-R-T-Beziehung:

$$L^* = (R^*)^2 \cdot \left(\frac{T}{T_\odot}\right)^4$$

$$\Rightarrow R^* = \sqrt{L^*} \cdot \frac{T_\odot^2}{T^2} = \sqrt{23} \cdot \left(\frac{5\,800\,\text{K}}{10\,000\,\text{K}}\right)^2 = 1{,}6$$

Sirius besitzt rund zweifachen Sonnenradius.

Spektralklassifikation – Hertzsprung-Russell-Diagramm (HRD)

Kennt man das Spektrum eines Sterns, lassen sich wesentliche Kenndaten ermitteln (Temperatur, Radius, vgl. Beispiel 4 und 5 oben). Anhand ihres Spektrums lassen sich die Sterne daher sortieren, indem man sie sogenannten **Spektralklassen** zuordnet. Diese sind mit den Großbuchstaben O B A F G K M (L T) gekennzeichnet, deren Reihenfolge man sich mit dem Merkvers *O Be A Fine Girl/Guy Kiss My Lips Tenderly* einprägen kann (siehe Tabelle).

Klasse	Charakteristische Spektren	Farbe	T in 10^3 K	Vertreter z. B.
O	He-II; He-I	blau	50 – 28	X Per; ε Ori; λ Ori
B	He-I; H	blau-weiß	28 – 10	Riegel; Spica
A	H (Maximum)	weiß	10 – 7,5	Wega; Sirius
F	Fe-I; H; Metalle	gelb-weiß	7,5 – 6	Procyron
G	Ca-II; Metalle; Fraunhoferlinien	gelb-weiß	6 – 4,9	Sonne; α Cen
K	Ca-II; Ca-I; andere Moleküle	orange	4,9 – 3,5	Arctururs; Aldebaran
M	Ca-II; Bandspektrum TiO	orange-rot	3,5 – 2	Beteigeuze
L	Metallhydride (CrH; FeH); Na; K; Rb; Cs	rot	2 – 1,3	R-Lep
T	H_2O; CH_4	infrarot	1,3 – 0,8	Gliese 229 B

Das **Hertzsprung-Russell-Diagramm (HRD)** zeigt anschaulich den Zusammenhang zwischen Spektralklasse bzw. Temperatur T (Rechtsachse) und absoluter Helligkeit M bzw. Leuchtkraft L (Hochachse) auf. Im HRD sind die Sterne nicht beliebig verteilt, sondern konzentrieren sich auf bestimmte Gebiete mit jeweils charakteristischer Kombination der Zustandsgrößen T und L: Hauptreihe, Rote Riesen, Überriesen und Weiße Zwerge.

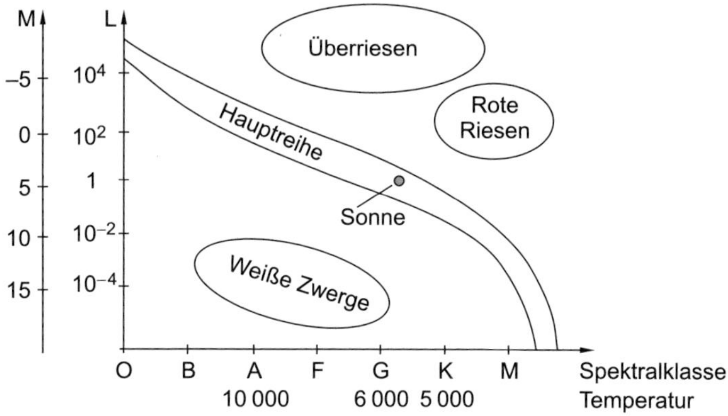

Bestimmung von Sternmassen – Doppelsternsysteme

Zur Bestimmung von Sternmassen muss man sich zunächst auf die Beobachtung von Doppelsternsystemen beziehen. Dabei unterscheidet man bzgl. des gegenseitigen Umlaufs beider Sterne drei Bahnbegriffe (vgl. Abbildung nächste Seite: Doppelstern Porrima (γ Virginis):

- **Scheinbare relative Bahn (Bild A):** Aufgezeichneter Bahnverlauf in Form einer Ellipse, die durch den Blickwinkel, unter dem man das System beobachtet, verzerrt erscheint (im Extremfall als Gerade); keine Keplerellipse (Stern A ist nicht im Brennpunkt).
- **Wahre relative Bahn (Bild B):** Keplerellipse mit Stern A im Brennpunkt und bekannter Halbachse a_r (z. B. durch Messung der Bahngeschwindigkeiten mittels Dopplereffekt)
- **Absolute Bahn (Bild C):** Realer Bahnverlauf, der berücksichtigt, dass sich beide Sterne um den gemeinsamen Schwerpunkt bewegen.

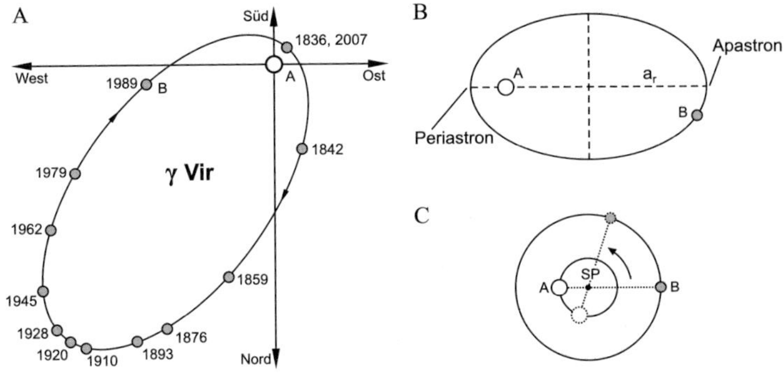

Doppelsterne (DS) der beschriebenen Art heißen **physisch** (im Unterschied zu **optischen** DS, welche zufällig in der gleichen Richtung zu sehen sind, aber völlig unterschiedliche Entfernungen haben). Sie lassen sich weiter einteilen in

- **visuelle DS:** Sterne optisch trennbar. Beispiel: Sirius
- **spektroskopische DS:** Sterne optisch nicht trennbar; charakteristische Verschiebung im Spektrum: Einer der Sterne bewegt sich auf uns zu (Blauverschiebung), während sich der andere von uns fort bewegt (Rotverschiebung). Beispiel: ε Aurigae
- **photometrische DS:** Bedeckungsveränderliche Sterne mit charakteristischen, periodischen Helligkeitsänderungen. Beispiel: Algol
- **astrometrische DS:** Schlingerbewegung eines (sichtbaren) Sterns, meist ein System mit einer massereichen (unsichtbaren) Komponente (schwarzes Loch; Neutronenstern)

Die **Massen im Doppelsternsystem** können mit dem 3. Kepler'schen Gesetz (Gesamtmasse) und dem Hebelgesetz (Einzelmassen) berechnet werden (vgl. Zweikörperproblem in Kap. 12.2, S. 82).
Die Analyse der so bestimmten Massen der Hauptreihensterne ergibt:

Masse-Leuchtkraft-Beziehung
Die Sterne auf der Hauptreihe des Hertzsprung-Russell-Diagramms sind nach ihrer Masse M angeordnet. Es gilt (L: Leuchtkraft):

$$\mathbf{L \sim M^3}$$

Mit der Masse-Leuchtkraft-Beziehung lassen sich nun auch die Massen von **Einzelsternen** bestimmen (wenn T und damit L bekannt).

Geburt, Leben und Vergehen der Sterne

Sterngeburt

- Materie im Universum: **Wasserstoff** (atomar/ionisiert, ca. 1 Atom pro cm^3) sowie **Staub**
- Verdichtung des Materials in sogenannten Riesenmolekülwolken, Ausbildung von **Gravitationszentren** (bei geeigneter Masse und Temperatur), Zunahme der Temperatur im Zentrum durch weitere Verdichtung
- **Fusion von Deuterium** bei ca. 1,5 Millionen K → weiteres Ansteigen der Temperatur im Inneren, Beginn des **p-p-Zyklus**: **Protosterne**
- Protosterne: umgeben von einer **Staubphotosphäre** (→ Leuchten im **Infrarotbereich**). L: einige $L_\odot$; Einsetzen eines **starken Sternwindes** → Staub wird entfernt, Stern leuchtet im Sichtbaren.
- Stern befindet sich auf der **Hauptreihe**; die vorhandene Protosternmasse legt den Ort auf der Hauptreihe fest.

Schematische Darstellung der Vorgänge:

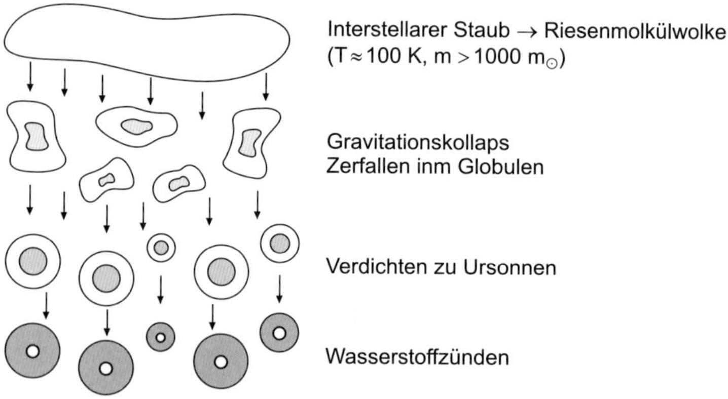

Verweildauer auf der Hauptreihe

Sterne können nicht beliebig lang Energie aus der Wasserstofffusion gewinnen (vgl. Sonne, Kap. 12.3, S. 87 f.). Auf der Hauptreihe befinden sich nur Sterne, die sich im Gleichgewicht von Gravitation und Innendruck befinden. Kann im Inneren nicht mehr konstant fusioniert werden, so ist dieses Gleichgewicht gestört.

Die **Entwicklungszeit τ**, die ein Stern auf der Hauptreihe verbleiben kann ($\tau_\odot = 7{,}3 \cdot 10^9$ a), hängt vom Wasserstoffvorrat (also der Masse) des Sterns) und vom Wasserstoffverbrauch (also der Leuchtkraft) ab:

$$\left.\begin{array}{l} \tau \sim M \\ \tau \sim \frac{1}{L} \\ L \sim M^3 \end{array}\right\} \Rightarrow \quad \tau \sim \frac{M}{L} \sim \frac{M}{M^3} = \frac{1}{M^2}$$

Entwicklungszeit eines Hauptreihensterns

Zeit, die ein Hauptreihenstern (Masse M) auf der Hauptreihe verbleibt:

$$\boldsymbol{\tau \sim \frac{1}{M^2}}$$

Bezogen auf die Sonne folgt:

$$\tau^* = \frac{\tau}{\tau_\odot} = \frac{M_\odot^2}{M^2} = \frac{1}{(M^*)^2} \quad \Rightarrow \quad \tau = \frac{1}{(M^*)^2} \cdot \tau_\odot$$

Weitere Sternentwicklung

- Ablagerung des hergestellten Heliums im Kern, daran schließt sich die Brennzone (Fusion) an.
- Energietransport zur Oberfläche: durch **Strahlung** (Dauer: mehrere Millionen Jahre) und/oder durch **Konvektion** (geht schnell)
- Vergrößerung des Kerns, **Brennzone wandert weiter nach außen** → Zunahme der Leuchtkraft und des Radius.

Endstadien der Sterne

- Anfang vom Ende: Wasserstoffvorrat im Kern wird zu gering → Gravitationskraft > Innendruck.
- Weitere Entwicklung stark abhängig davon, wie groß die Kernmasse M bzgl. der **Chandrasekhar-Grenze $\boldsymbol{M_{Ch} = 1{,}4 \cdot M_\odot}$** ist

Sterne mit $M < M_{Ch}$

- Kompression der Kern durch die Gravitationskraft → Kernmaterie entartet, Temperatur steigt an (bis auf 10^8 K)
- Kompressionstopp durch elektrische Kraft (möglich wegen geringer Sternmasse) → **Weißer Zwerg** (Dichte bis zu $1000 \frac{t}{cm^3}$, $T \leq 10^5$ K; teils starke Magnetfelder)
- Ausdehnung der Sternhülle: Oberfläche entfernt sich immer weiter vom Kern und kühlt ab → **Roter Riese** (im Inneren: „Kampf" zwischen Gravitations- und Druckkraft, H-Brennen in der Hülle)

- He-Brennen im Kern bei zunehmender Masse (rasch, ggf. explosionsartig als He-Flash) → Fusion He zu C → **Planetarischer Nebel**

Sterne mit $M > M_{Ch}$

- Starke Gravitationskraft → hohe Temperaturen führen zu regulären Fusionsprozessen im Kern (He → C, O → N, Mg → Si → Fe).
- „Zwiebelförmiger" Aufbau des Sterns: Abhängig davon, ob Brennprozess läuft oder abgeschlossen ist, verändert der Stern Radius und Leuchtkraft; Dauer der Fusionsprozesse nimmt ab (Si → Fe: maximal eine Woche), Temperatur steigt bis auf $3 \cdot 10^9$ K; Eisen aus energetischen Gründen nicht mehr fusionierbar.
- Nach Fusionsende gewinnt Gravitationskraft die Oberhand: (Eisen-)Kern stürzt in sich in weniger als 0,1 s mit ca. 25 % der Lichtgeschwindigkeit zusammen → Freisetzung von Gravitationsenergie (10^{46} J) meist in Form von Neutrinos → Stoßwelle durchläuft den Stern nach außen und zerreißt die äußeren Sternschichten (**Supernova** vom Typ II).
- Elektrische Kraft kann Gravitation nicht mehr aufhalten. Weitere Entwicklung wiederum abhängig davon, wie groß die Kernmasse bzgl. einer charakteristischen Masse, der **Oppenheimer-Volkoff-Grenze $M_{OV} = 3M_\odot$**, ist.
  - **$M_C < M \leq M_{OV}$: Neutronenstern** (Gravitationskraft drückt die Elektronen in die Atomkerne, sodass Neutronen entstehen). Materiedichte: im Schnitt bei ca. $10^8 \frac{t}{cm^3}$. Neutronensterne sind sehr klein, sie rotieren aufgrund der Drehimpulserhaltung schnell um ihre eigene Achse und haben starke Magnetfelder. Die durch elektrische Ladungen im Magnetfeld entstehende Strahlung wird in Pulsen abgestrahlt (**Pulsare**; Leuchtturmeffekt).
  - **$M > M_{OV}$: Schwarzes Loch** (auch Neutronengas kann die Gravitation nicht bremsen). Nur beschreibbar mithilfe der Allgemeinen Relativitätstheorie. Enthält so viel Masse auf kleinsten Raum, dass selbst Licht nicht mehr entkommen kann. Durch die entsprechende Fluchtgeschwindigkeit $v_F = c$ ist der **Schwarzschild-Radius R_S** definiert (vgl. Kap. 12.2, S. 84):

    $$c = v_F = \sqrt{\frac{2G \cdot M}{R_S}} \quad \Rightarrow \quad R_S = \frac{2G \cdot M}{c^2}$$

    Der Schwarzschild-Radius der Sonne beträgt ca. 3 km.

Veränderliche Sterne

Neben den *optisch* veränderlichen Sternen (Bedeckungsveränderliche, vgl. S. 99) versteht man darunter die *physisch* veränderlichen Sterne, welche aufgrund ihrer Entwicklung Zustandsgrößen – wie Radius oder Oberflächentemperatur – verändern.

- **RR-Lyrae-Sterne:** periodisch veränderliche Riesensterne; Helligkeitsschwankungen: 0,5 bis 1,5 Größenklassen; Periodendauer $p = [\approx \text{einige h}; 1\,\text{d}]$; absolute Helligkeit: $M = 0{,}6$
- **δ-Cepheiden:** Riesen- bzw. Überriesensterne; Helligkeitsschwankungen: bis zu einer Größenklasse; $p = [\approx \text{einige d}; 100\,\text{d}]$; Perioden-Helligkeits-Beziehung: $M = -1{,}67 - 2{,}54 \cdot \lg\left(\frac{p}{1\,\text{d}}\right)$
  → **Eignung als Standardkerze**
- **Mira Sterne:** periodisch veränderliche Überriesensterne; Helligkeitsschwankungen: 2,5 bis 10 Größenklassen; $p = [80\,\text{d}; 100\,\text{d}]$;
- **Eruptionsveränderliche:** stoßen gerade ihre äußeren Sternhüllen ab
- **Novae:** entstehen in Doppelsternsystemen, bei dem ein Partner ein Weißer Zwerg ist. Dieser zieht Materie (Wasserstoff) vom Begleitstern auf seine Oberfläche. Bei ca. 100 Erdmassen Wasserstoff setzt ein explosionsartiges Wasserstoffbrennen auf der Oberfläche ein und erzeugt so einen Helligkeitsausbruch von mehreren Größenklassen. Novae können beim selben Weißen Zwerg öfter auftreten.
- **Supernovae:** Eine grobe Einteilung erfolgt in
  Typ I:
  - Doppelsternsystem, bei dem ein Partner wiederum ein Weißer Zwerg mit viel Masse ist
  - Anziehen der Materie vom Begleitstern führt zur Überschreitung der Chandrasekhar-Grenze und dadurch zur Explosion in einer Supernova
  - kaum Wasserstofflinien im Spektrum der Supernova
  - Stets: $M = -19{,}4\ (\pm 0{,}2)$ → **Eignung als Standardkerze**

  Typ II:
  - ein massereicher Stern, der nach verschiedenen Fusionszyklen in einer Supernova explodiert
  - unterschiedliche absolute Helligkeiten

1. Berechnen Sie den maximalen Radius eines Neutronensternes. Gehen Sie dabei von einer Masse von drei Sonnenmassen und einer Umdrehungsdauer von $T = 0{,}033\ \text{s}$ aus.
2. δ-Cepheus hat eine Periode von 5,36 Tagen, seine mittlere scheinbare Helligkeit beträgt 4,3.
   Berechnen Sie seine (mittlere) absolute Helligkeit und die Entfernung des Sterns.

Lösung:

1. Durch die schnelle Rotation entsteht eine Zentralkraft, die nicht größer werden darf als die Gravitationskraft. Mit $\omega = \frac{2\pi}{T}$ und $M = 3M_\odot$ folgt:

$$F_Z < F_G \;\Leftrightarrow\; m \cdot \omega^2 \cdot r < G \cdot \frac{m \cdot M}{r^2} \;\Rightarrow\; r < \sqrt[3]{\frac{3G \cdot M_\odot \cdot T^2}{4\pi^2}} = r_{max}$$

$$\Rightarrow\; r_{max} = \sqrt[3]{\frac{3 \cdot 6{,}67 \cdot 10^{-11}\,\frac{m^3}{kg \cdot s^2} \cdot 2{,}0 \cdot 10^{30}\,kg \cdot (0{,}033\,s)^2}{4\pi^2}} \approx 220\ \text{km}$$

2. Perioden-Helligkeits-Beziehung:
   $M = -1{,}67 - 2{,}54 \cdot \lg(5{,}36) = -3{,}5$

   Entfernungsmodul:

$$m - M = 5 \cdot \lg\left(\frac{r}{10\ \text{pc}}\right) \;\Rightarrow\; 10^{0{,}2 \cdot (4{,}3 - (-3{,}5))} = \frac{r}{10\ \text{pc}}$$

$$\Rightarrow\; r = 10\ \text{pc} \cdot 36 = 360\ \text{pc}$$

13.2 Sternhaufen und Galaxien

Sternhaufen sind Ansammlungen von Sternen. Es gibt:

- **Offene Sternhaufen** in den Spiralarmen der Galaxien, junge Sterne (einige 100); unregelmäßige Formen; Beispiel: Plejaden M 45
- **Kugelsternhaufen** im galaktischen Halo, auch im Zentrum der Galaxie; meist ältere Sterne (mehrere Millionen), viele weiße Zwerge; typisches „Knie“ auf der Hauptreihe im HRD; Beispiel: M13 (Bild rechts)

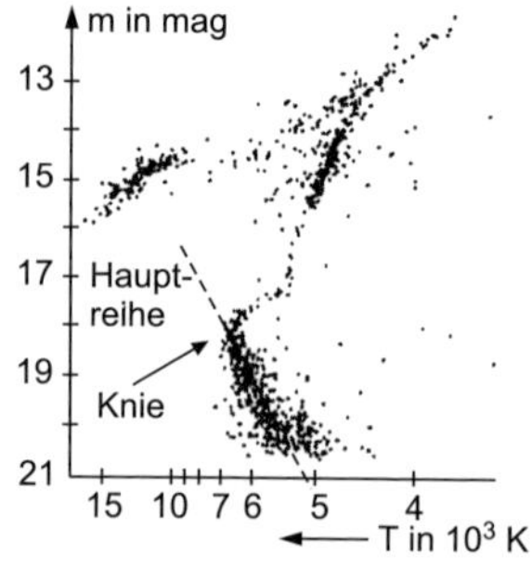

Unsere Galaxie: Die Milchstraße

Aufbau:

- **Kern der Galaxie:** Durchmesser: ca. 10 AE; $M \approx 50 \cdot 10^6\ M_\odot$
- **Sagittarius (SGR) A im Zentrum:** Schwarzes Loch, Durchmesser: < 16 Lichtminuten, $M > 10^5\ M_\odot$; Kugelsternhaufen

Seitenansicht:

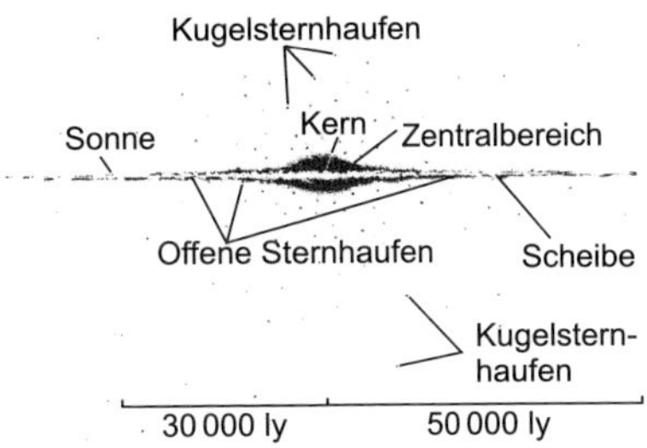

Aufsicht:

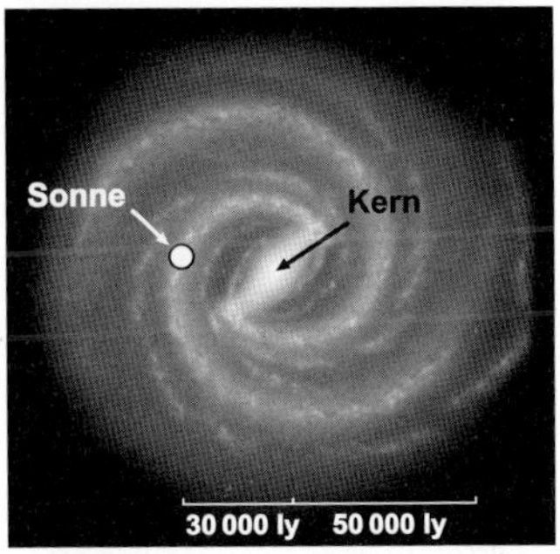

- **Zentralbereich:** stark abgeplattete Kugel (Radius: ≈ 8000 ly); offene Sternhaufen
- **Scheibe:** stark abgeplattetes Rotationsellipsoid, Spiralarme, Balkenspirale (Radius: 50 000 ly)
- **Halo:** weniger stark abgeplattetes Rotationsellipsoid; $M > 9 \cdot 10^{11}\ M_\odot$; Kugelsternhaufen
- **Korona:** Kugel (Radius: > 300 000 ly; $M \approx 1{,}2 \cdot 10^{12}\ M_\odot$; alte Sterne, dunkle Materie, Kugelsternhaufen und Zwerggalaxien

1. Schätzen Sie die Anzahl der Sterne in unserer Galaxie mit folgenden Daten ab: Die Sonne bewegt sich auf einer Kreisbahn um das galaktische Zentrum ($r = 10$ kpc; $v = 250\ \frac{\text{km}}{\text{s}}$).
2. Beschreiben Sie eine Methode, mit der man die Spiralarme einer Galaxie untersuchen kann.
   Geben Sie die dazu notwendigen Beobachtungsinstrumente an.

Lösung:

1. Annahme: $M_{\text{Stern}} \approx M_{\odot}$
   $\rightarrow$ Anzahl $N \approx \frac{M}{M_{\odot}}$ mit M: Gesamtmasse M der Sterne in Galaxie;
   M aus Kraftansatz für die Kreisrotation:

$$F_Z = F_G \Leftrightarrow M_{\text{Stern}} \cdot \frac{v^2}{r} = G \cdot \frac{M_{\text{Stern}} \cdot M}{r^2}$$

$$\Rightarrow \quad M = \frac{r \cdot v^2}{G} = \frac{10 \cdot 10^3 \cdot 3{,}09 \cdot 10^{16}\,\text{m} \cdot \left(250 \cdot 10^3 \cdot \frac{\text{m}}{\text{s}}\right)^2}{6{,}67 \cdot 10^{-11}\,\frac{\text{m}^3}{\text{kg} \cdot \text{s}^2}} = 2{,}9 \cdot 10^{41}\,\text{kg}$$

$$\Rightarrow \quad N = \frac{M}{M_{\odot}} = \frac{2{,}9 \cdot 10^{41}\,\text{kg}}{2{,}0 \cdot 10^{30}\,\text{kg}} = 1{,}5 \cdot 10^{11}$$

2. Um Spiralarme nachzuweisen, muss man Wasserstoff nachweisen können. Das geht bei atomaren Wasserstoff durch eine Spektrallinie aus dessen sogenanntem Hyperfeinstrukturspektrum:
   Im Grundzustand besitzen Atomkern (p) und Hüllelektron (e) entgegengesetzten Spin. Bei geringer Energiezufuhr „klappt" der Elektronenspin um (Parallelstellung von p- und e-Spin). Bei Rückkehr in den Grundzustand (Antiparallelstellung von p- und e-Spin) wird die Energie in Form eines Photons der Wellenlänge 21 cm abgestrahlt. Zur Detektion benötigt man also Radioantennen.

Klassifikation von Galaxien

Es gibt unterschiedliche Galaxienformen, welche bereits von Edwin Hubble klassifiziert wurden:

- Elliptische Galaxien (von kreisförmig bis zigarrenförmig)
- Spiralgalaxien (normale Spiralen, Balkenspiralen)
- irreguläre Galaxien

Unter **aktiven Galaxien** versteht man solche Galaxien, die besondere Aktivitätserscheinungen aufweisen wie starke Emissionslinien, starke Radiostrahlung oder Röntgenstrahlung, Starburst (viele junge Sterne) oder starke Verschiebung von Spektrallinien (Quasare). Die meisten Erscheinungen beruhen auf supermassiven Löchern im Inneren der Galaxien oder auf dem Zusammenstoß von Galaxien.
Ähnlich wie Sterne sich zu Sternhaufen versammeln, gruppieren sich auch Galaxien in sogenannten **Galaxienhaufen**, etwa in der lokalen Gruppe (zu der die Milchstraße gehört) oder im Virgohaufen.

13.3 Kosmologie

Das Universum ist nicht statisch, sondern dehnt sich aus.

Hubble-Gesetz
Alle Galaxien bewegen sich (bis auf wenige Ausnahmen) von uns fort, und zwar mit umso größerer Geschwindigkeit v, je größer ihre Entfernung r ist:
$\mathbf{v \sim H_0 \cdot r}$
Der Proportionalitätsfaktor $H_0 = 74\,\frac{\text{km}}{\text{s} \cdot \text{Mpc}}$ heißt **Hubble-Konstante**.

Der Umkehrschluss führt auf folgende Thesen:

- Je weiter zurück ein Zeitpunkt in der Vergangenheit liegt, desto kleiner war die Ausdehnung des Universums zu diesem Zeitpunkt.
- Es gibt einen Zeitpunkt, an dem das Universum zu existieren beginnt (Urknall).

Diese Thesen bilden die Grundlage der **Urknalltheorie**.
Wesentliche Aussagen dieser Theorie sind:

- Beim Urknall ist nicht nur alle Materie, sondern sind auch Raum und Zeit entstanden, die Energiedichte war an diesem Punkt (formal) unendlich groß.
- Das Universum dehnte sich anfangs sehr schnell (inflationär), dann gleichmäßig mit einer Geschwindigkeit proportional zur Entfernung aus (Hubble-Gesetz).
- Mit zunehmender Ausdehnung kühlt das Universum ab. Das führte dazu, dass die vorhandene Energie zunehmend in Materie „kondensiert“: Zuerst bildeten sich Quarks und Leptonen sowie die zugehörigen Austauschteilchen (Gluonen, Photonen, Bosonen), dann Protonen und Neutronen, dann leichte Atomkerne (D, He, Li, Be), die zusammen mit den freien Elektronen und Photonen als **Plasma** vorlagen. Erst nach deutlich weiterer Abkühlung bildeten sich erste H-Atome (Rekombination); die Photonen wurden weniger absorbiert, das Universum wurde durchsichtig ($T \approx 3\,000$ K). Es bildeten sich erste Galaxien und Sterne.

Die zum Zeitpunkt der Rekombination ausgesandte Strahlung können wir heute als **kosmische Hintergrundstrahlung** messen. Sie ist eine Schwarzkörperstrahlung, deren Temperatur von ursprünglich 3 000 K durch Rotverschiebung (infolge der Expansion des Universums) auf ca. 3 K gesunken ist. Sie fällt aus allen Richtungen gleichmäßig bei uns ein und stellt einen wichtigen Beleg für die Urknalltheorie dar.

Schätzen Sie das Alter des Universums mithilfe des Hubble-Gesetzes ab.

Lösung:
Geht man von einer gleichmäßigen Ausdehnung des Universums mit der Geschwindigkeit $v = \frac{\Delta r}{\Delta t}$ aus, gilt für die seit dem Urknall vollzogene Gesamtausdehnung R und damit für dessen Alter T:

$$\left.\begin{array}{l} v = \frac{R}{T} \\ v = H_0 \cdot R \end{array}\right\} \Rightarrow \frac{R}{T} = H_0 \cdot R$$

$$\Rightarrow T = \frac{1}{H_0} = \frac{1\,\text{s} \cdot \text{Mpc}}{74\,\text{km}} = \frac{1\,\text{a} \cdot 3{,}09 \cdot 10^{22}\,\text{m}}{3600 \cdot 24 \cdot 365{,}25 \cdot 74 \cdot 10^{3}\,\text{m}} = 13 \cdot 10^{9}\,\text{a}$$

Hinweis: Die Annahme der gleichmäßigen Ausdehnung über den ganzen Zeitraum T ist nicht korrekt. Berücksichtigt man weitere Faktoren, welche die Expansion beeinflussen (Dunkle Materie, Dunkle Energie, Inflation), kommt man nach heutigem Stand auf $T = 13{,}7 \cdot 10^{9}\,\text{a}$.

Weitere typische Aufgabenstellungen

- Beschreibung/Erläuterung:
  - Doppelsternbahnen (scheinbar/wahr relativ; absolut), vgl. S. 98
  - Sternentwicklung: Hauptreihensterne, Überriesen, Rote Riesen, Weiße Zwerge, Neutronensterne, Schwarze Löcher, vgl. S. 101 f.
  - Aufbau der Milchstraße, vgl. S. 105
  - Supernova: Ablauf; Standardkerze (Typ I), vgl. S. 103
- Bestimmung von Sterndaten, z. B. der Masse (m, r bekannt) über

  $$m, r \xrightarrow{\text{Entfernungsmodul}} M, L \xrightarrow{\text{Masse-Leuchtkraft-Beziehung}} \text{Masse}$$

  oder (λ bekannt)

  $$\lambda \xrightarrow{\text{Wien-Gesetz}} T \xrightarrow{\text{HRD}} L \xrightarrow{\text{Masse-Leuchtkraft-Beziehung}} \text{Masse}$$

  oder der Entfernung von Cepheiden (p, m bekannt) über

  $$p \xrightarrow{\text{Perioden-Helligkeits-Beziehung}} M \xrightarrow{\text{Entfernungsmodul}} r$$

- Identifikation eines (Hauptreihen-)Sterns (HRD, Verweildauer)

Stichwortverzeichnis

Notizen

Notizen